北京理工大学"双一流"建设精品出版工程

Digital Speech Signal Processing Technology

语音信号数字处理技术

王晶　易伟明 ◎ 编著

北京理工大学出版社

BEIJING INSTITUTE OF TECHNOLOGY PRESS

图书在版编目（CIP）数据

语音信号数字处理技术／王晶，易伟明编著．--北
京：北京理工大学出版社，2023.8
　　ISBN 978-7-5763-2848-6

Ⅰ.①语… Ⅱ.①王… ②易… Ⅲ.①语声信号处理
Ⅳ.①TN912.3

中国国家版本馆 CIP 数据核字（2023）第 171607 号

责任编辑：刘　派		**文案编辑**：李丁一	
责任校对：周瑞红		**责任印制**：李志强	

出版发行 ／ 北京理工大学出版社有限责任公司

社　　址 ／ 北京市丰台区四合庄路 6 号

邮　　编 ／ 100070

电　　话 ／ （010）68944439（学术售后服务热线）

网　　址 ／ http：//www.bitpress.com.cn

版 印 次 ／ 2023 年 8 月第 1 版第 1 次印刷

印　　刷 ／ 保定市中画美凯印刷有限公司

开　　本 ／ 787 mm×1092 mm　1/16

印　　张 ／ 10.75

字　　数 ／ 269 千字

定　　价 ／ 48.00 元

本书的重点是研究和阐述数字语音信号，即可以在计算机和某些设备中保存和处理的离散时间信号。本书的主要内容涉及数字语音信号处理的基本理论、声音对象的数学分析和建模方法，同时还介绍了语音信号处理领域的具体应用和前沿技术。

本书包括 12 章。第 1 章绪论，简要介绍语音信号处理的应用、发展历程和语音信号的基本知识。第 2 章描述语音处理的基本原理，重点介绍对应于人类说话和听音过程的语音产生和感知模型，以及在数字语音信号处理中经常使用的两种技术：短时分析和基音估计。第 3 章介绍语音质量的主观和客观评价技术，并列出了一些常用的评价标准。第 4 章至第 7 章详细阐述了语音处理的一些关键技术，如线性预测分析、同态分析、矢量量化和隐马尔可夫模型，这些传统的处理技术对于语音乃至其他信号处理领域都有很好的学术研究和应用意义。第 8 章至第 11 章从应用角度分别讲解 4 个最常见的语音处理研究方向：语音编码、语音识别、语音增强和语音合成。第 12 章简要介绍了深度学习在语音信号处理的中的应用，主要包括基于深度学习的语音识别和语音增强技术。

语音信号数字处理是语音/语言学与数字信号处理技术相结合的一门交叉学科，它与认知科学、心理学、生理学、语言学、物理声学、计算机科学、信号与信息处理、模式识别和人工智能等学科密切相关。在本教材中，学生将学习数字语音信号处理的基本理论和关键技术，以提高学生运用基本理论解决语音信号处理实际问题的能力。

本教材是"国家智慧教育平台"和"学堂在线"慕课平台配套教材，包括面向研究生和留学生的全英文课程，课程名称为"语音信号数字处理"。

作　者
2023 年 3 月

目　录
CONTENTS

第 1 章

绪　　论

1.1　概　　述

什么是语音（Speech）？语音是人与人之间最自然的交流形式。语音与很多因素有关：语音与语言有关，语言学是社会科学的一个分支；语音与人的生理机能有关，生理学是医学的一个分支；语音也与声音和声学有关，声学是物理科学的一个分支。语音是人类每天生活和工作中接触的最有趣的信号之一。

如图 1-1 所示，"语音链"描述了从一个讲话人（speaker，说话者）到听音人（listener，听者）的语音处理路径，它包括若干过程，语音传输过程通过介质（如空气、水）或通过电子通信系统向听者提供语音的感知和理解。"语音链"与人类发声器官、听觉器官和人脑的机理有关。

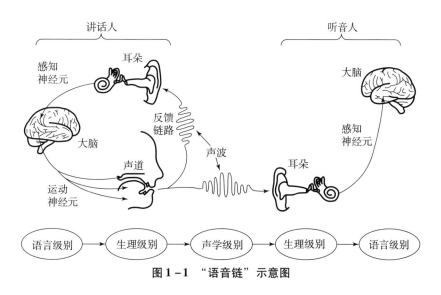

图 1-1　"语音链"示意图

人脑中的处理与语言（Linguistic）级别相对应。发声和听觉器官的活动与生理（Physiological）级别相对应。在讲话人一侧，消息的传输开始于人脑对适当的单词和句子的选择与排序，被称为语音链的语言层级。语音事件在生理层级上继续传导产生神经和肌肉的活动，从而产生并传输声波，并在讲话人一侧结束。声波传输属于语音链的物理（或声学）级别。在听音人这一侧过程相反，当传入的声波激活听觉机制时，事件开始于物理层级，并继续在生理级别上促使听觉和感知机制的神经活动。当听音人识别出讲话人传递的单词和句子时，语音链在语言层面上完成了听音任务。因此，语音链至少涉及 3 个层面的活动——语言、生理和物理。从语言层面来看，语音是一种离散的文字符号输入和输出，信息速率约为 50 bps。这个级别包括一些语言代码，如音素和韵律。生理层面包括由神经系统控制的一些发音运动和语音特征分析活动。通过声道系统和听觉系统的信号都是连续的，具有更高的信息速率。通过空气或其他通道传输的声波波形将遵循声音传播的物理原理。

我们也可以将"语音链"视为一个通信系统，其中，要传输的人类思想由一连串的代码表示，该代码在语音事件从一个级别前进到另一个级别时会经过一些转换。在语音传输过程中，说话人的单词和句子的语言代码被转换为生理和物理代码，换句话说，在被重新转换为听者端的语言代码之前，会相继转换为相应的肌肉运动和空气振动。

语音处理则是对语音信号及其处理方法的研究。信号通常以数字方式表示并进行处理，因此语音处理可以被视为应用于语音信号的数字信号处理的特殊情况。语音处理包括语音信号的获取、操作、存储、传输和重建。将语音作为"输入"的典型系统是语音识别，将语音作为"输出"的典型系统是语音合成。语音处理的目的是将语音解析为一种交流或者通信的手段，以表示用于传输和再现的语音信息。分析语音的过程通常是自动识别和提取语音中的关键信息，例如说话人的一些生理特征。从"语音圈"示意图（图 1-2）可以看出，人机交互包括从说话到听音的许多过程。例如，在电话服务的应用中，客户的语音请求首先通过自动语音识别（Automatic Speech Recognition，ASR）模块，然后请求口语理解（Spoken Language Understanding，SLU）模块对语音进行理解，之后使用对话管理（Dialog Management，DM）模块和口语生成（Spoken Language Generation，SLG）模块管理启动对话动作，最后文本语音合成

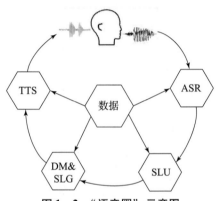

图 1-2 "语音圈"示意图

（Text To Speech，TTS）模块用于生成对客户的语音回复，各个模块会使用一些事先定义好的数据以便完成相应的功能。

语音处理技术研究领域主要包括语音编码、语音识别和理解、语音合成以及语音增强。语音编码是将语音信号转换为有效传输和存储的表示过程，该技术的应用场景例如窄带和宽带有线电话、蜂窝通信、用于隐私和加密的语音安全系统、极窄带信道话音通信（例如使用高频无线电的战场应用）、电话应答机、IVR（Interactive Voice Response）互动式语音应答系统、预录信息的语音存储系统等。如图 1-3 所示，广义上一个完整的语音编码过程包括编码端和解码端两个环节。编码描述了数字语音信号的分析和压缩。解码通常是编码的反向过程，包括信号的解压缩和合成。在移动电话通信应用中，连续语音（模拟信号）首先由 A/D（Analog-to-Digital）模数转换模块转换为离散的采样信号（数字信号），然后通过编码算法用一些参数进行表示；最后，经过压缩过程生成比特序列，该比特序列再经过信道编码进入传输过程。接收到比特流数据经过信道解码、解压缩并合成为数字语音，然后由 D/A（Digital-to-Analog）数模转换模块重新转换为可听的语音。

在语音传输中有一个概念是信息速率（Information Rate）。从香农信息理论的观点来看，在人类语言中，符号（音素）的数量是 2^6，它只代表消息内容或者说单一语言下的有限信

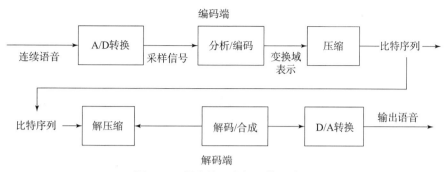

图 1-3　语音编码和解码简要流程

息。假设对于正常说话速率有 10 个符号/秒，语音的等效信息速率则为 60 bit/s（比特每秒）。从通信的角度来看，语音信号的带宽通常采用 0～4 kHz（电话质量、窄带语音）或者 0～8 kHz（高清通话、宽带语音），相应的系统则需要用 8 kHz 或 16 kHz 进行采样。对于高质量脉冲编码调制（Pulse Code Modulation，PCM），每个样本至少需要 8 bit/s。因此，对于电话通信，语音信息速率为 64 bit/s，又叫作比特率或者编码速率。对于 16 kHz 采样下的高清语音通信，语音信息速率则为 128 bit/s。对于多声道声音如果使用 PCM 编码，则需要用每个通道的比特率乘以声道数，需要的信息速率会更高，意味着占用传输信道的带宽更大。如果信道的传输带宽很低，我们就需要压缩语音信息。如何压缩语音信息？这时候就需要用语音编码技术。

语音识别和理解是从语音信号中提取可用的语言信息以支持通过语音进行人机通信的过程。它通常用于命令和控制（Command and Control，C&C）应用程序，例如用于电子表格、演示图形、设备的简单命令，用于创建信件、备忘录和其他文档的语音听写，与机器进行自然语言对话的呼叫中心，用于手机、掌上电脑 PDA（Personal Digital Assistant）和其他小型设备的语音拨号，代理服务如日历输入和更新、地址列表修改和输入等。语音识别可以认为是一种模式匹配问题，其简要流程如图 1-4 所示。特征分析用于提取一些特征参数来表示数字语音。模式匹配用于将提取的特征与参考模式进行匹配，以便输出与输入语音段相对应的正确符号。模式匹配旨在解决语音识别、说话人识别、说话人验证、单词识别和语音记录自动索引等问题。

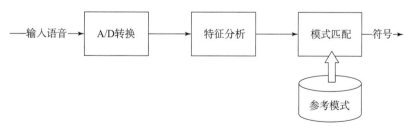

图 1-4　语音识别的简要流程

语音合成是利用机器生成语音信号的过程，以便有效地进行人机交互。语音合成也称文本语音合成（TTS）。文本语音合成是语言处理、信号处理和计算机科学的复杂融合。它可用于机器阅读文本或电子邮件、汽车中的远程信息处理反馈、自动交易的对话代理、客户服务呼叫中心的自动代理，手持式设备（如外语常用语手册、词典），提供股票报价、航空公司时间表等信息的公告机，天气预报等。如图1-5所示，语音合成TTSS系统利用语言规则和数字信号处理DSP（Digital Speech Processing）计算机将文本转换为语音。现代语音合成技术涉及相当复杂的方法和算法，现代语音合成器相比第一代语音合成器在语音质量上有很大的提高，不再机械生硬，听上去更加自然。另一项研究是直接从人脑活动合成语音，这种基于大脑活动的语音合成系统很难实现，但它能够帮助许多有语言障碍的患者与其他人进行交流。

图1-5　语音合成TTS系统的简要流程

学习"语音信号数字处理"之前需要一些先修知识，主要包括信号与系统、数字信号处理的基础知识。以下是学习本教材前需要了解的一些知识点和关键问题：

（1）如何将连续时间信号转换为离散时间信号？

（2）如何表达离散时间系统？什么是z变换？

（3）什么是奈奎斯特采样定理？它与信号带宽有什么关系？

（4）如何设计和使用一些数字信号滤波器，如有限长冲激响应（Finite Impulse Response，FIR）和无限冲激响应（Infinite Impulse Response，IIR）？

需要注意的是数字信号从时域到另一个域的变换在数字语音信号处理中非常有用，例如离散傅里叶变换（Discrete Fourier Transform，DFT）、小波变换（Wavelet Transform，WT）和其他可能的方法。

1.2　语音信号数字处理的应用

语音处理领域有4项重要的技术应用：语音编码、语音识别、语音合成和语音增强。

1.2.1　语音编码

语音编码有两种主要应用场景。

一种是数字语音通信。在通过固定电话、移动电话、卫星电话或互联网的语音通信中，传输信道带宽是有限的，需要语音编码来压缩信源信号，并且必须实时进行处理。"实时"意味着语音信号应以尽可能短的延时逐段处理。

另一种是语音存储。电话录音或语音邮件需要对语音进行压缩以节省存储空间。例如使用即时软件聊天时，可以发送一条语音消息，而不是文字的方式。语音存储不需要进行实时处理，因此，压缩技术可以与实时话音通信有所不同。

历史上语音处理领域诞生了一些知名的软硬件公司，如数字语音系统（Digital Voice System Inc.，DVSI）是一家专注于语音压缩的国际知名芯片公司，拥有许多语音压缩产品，包括专门用于无线通信、数字存储或者其他应用中的低数据速率、高质量语音压缩产品，在不同应用中通常以硬件形式开发不同类型的芯片。在基于IP的语音通信VoIP（Voice over

IP）的应用中，语音编码技术更为复杂，通常还需要处理由于 IP 网络损伤带来的丢包、延时、抖动等语音传输问题。GIPS（Global IP Solutions）是一家专门从事开发实时语音和可伸缩视频编码软件的公司，于 2010 年被谷歌收购，其核心产品是语音引擎，提供给聊天工具 Skype 使用。谷歌在 2014 年推出的另一个著名的开源软件是 WebRTC（Web Real Time Communications，网络实时通信），它是一种基于浏览器的语音和视频呼叫的编程接口（Application Program Interface，API），绕过了传统的电话网络。WebRTC 已经被添加到 Chrome、Firefox 和 Opera 浏览器中。

1.2.2 语音识别

语音识别是计算语言学和语音信号处理中一个跨学科子领域，这类方法和技术使得计算机能够识别口语并将其翻译成文本，也被称为自动语音识别（Automatic Speech Recognition，ASR）。它广泛应用于桌面产品，如"IBM ViaVoice"、智能音箱如"Amazon echo"、语音玩具等许多语音产品中。在语音识别产品的设计和开发中，自然语言处理（Natural Language Processing，NLP）技术可以使计算机更好地理解人声。语音识别还有其他一些应用，如人机交互、信息服务自动化、智能家电、基于内容的声音检索等。语音导航软件已广泛应用于移动应用中的信息或地图搜索。例如，苹果公司设计了一款名为"Siri"的智能语音助手。Nuance 公司设计了一款名为"声龙听写（Dragon Dictation）"的发音机。科大讯飞是国内一家从事智能语音交互、自然语言理解、计算机视觉等技术和应用的公司，其语音技术达到国际前沿水平。

1.2.3 语音合成

语音合成是对人类语音的人工合成，用于此目的的计算机系统称为语音计算机或语音合成器，并且可以在软件或硬件产品中实现。语音合成器也被称为文本语音合成器，可以将普通语言文本转换为语音。语音计算机可用于语言学习、文本校对、盲人学习、英语口语翻译、智能语音服务等领域。国际著名的物理学家斯蒂芬·霍金是较早使用语音计算机进行交流的人，其标志性的机器人式声音也早已成为了他身份的一部分。

1.2.4 语音增强

语音处理领域还有一些其他应用场景可能会使用不同类型的语音处理技术。语音增强在语音通信中非常有用，如回声消除、语音去噪、去混响技术，可以使人们更清楚地听到和理解声音。语音分离是将目标语音与背景干扰声音进行分离的任务。说话人识别可以在信息安全中使用一种声纹信息来鉴别说话人，也称为声纹识别，包括说话人辨认和说话人确认。其他应用例如有语音翻译、语种识别、人声转换等。

1.3　语音信号处理的发展历史

1876 年，贝尔发明了电话，同年，美国专利局向贝尔颁发了电话专利。1892 年，贝尔在纽约到芝加哥的长途线路开通时使用了该电话。1925 年成立的贝尔实验室公司将"贝尔"一词作为其名称的一部分，以纪念他的伟大发现。这是人类第一次使用电波传播声音。

1939 年，物理学家荷马·达德利发明了声码器（Vocoder），这也是贝尔实验室研究电话语音加密压缩的成果之一。这是分析并重新合成人类语音的首次成功尝试。最早的声码器类型是通道声码器，在 20 世纪 30 年代被开发为电信应用的语音编码器，其思想是对语音进行编码，以减少多路传输的带宽（即音频数据压缩）。

1947 年，贝尔实验室发明了语谱图（Spectrogram）。语谱图是声音信号的频谱随时间和频率变化的视觉表示。语谱图可用于从音素的视觉表示上识别口语单词，并分析动物的各种叫声。这种表示方法可以广泛应用于音乐、声呐、雷达、语音、地震学等研究领域。

1952 年，贝尔实验室的戴维斯首次成功地开发了识别 10 个英文数字的实验装置，根据第一语音和第二语音共振峰进行识别，这是一种基于说话人的语音识别系统。

1956 年，美国科学家奥尔森通过 8 个带通滤波器提取频谱参数，开发了一种简单的语音控制打字机，称为语音打字机。

1960 年，瑞典学者范特提出了语音产生的声学理论"源滤波理论"，很好地解释了语音产生中发音的声学和生理机制。

20 世纪 60 年代至 70 年代，数字信号处理算法发展迅速，相继出现了一些重要的理论。1965 年，快速傅里叶变换（Fast Fourier Transformation，FFT）算法被开发用于快速执行离散傅里叶变换。1968 年，麻省理工学院的科学家提出了同态滤波处理技术。同态滤波（Homomorphic Filter）是一种广义的信号处理技术，涉及将非线性关系映射到线性滤波的不同域，然后映射回原始域。

1975 年，一种非常重要的技术——线性预测（Linear Prediction）被研究人员提出，在数字信号处理中通常称为线性预测编码（Linear Predictive Coding，LPC），可以将其视为滤波理论的子集。线性预测是一种数学运算，其中离散时间信号的未来值被估计为先前样本的线性函数。在系统分析中，线性预测可被视为数学建模或优化的一部分。

20 世纪 70 年代末，研究人员提出了另一种重要的技术——矢量量化（Vector Quantization，VQ），该技术已广泛用于有损数据压缩、模式识别、密度估计和聚类。VQ 是来自信号处理的经典量化技术，它允许通过原型向量的分布来建模概率密度函数，最初用于数据压缩，也可以用于简单的语音识别。

20 世纪 70 年代初，一些算法如动态时间规整（Dynamic Time Warping，DTW）和隐马尔可夫模型（Hidden Markov Model，HMM）被成功用于语音识别。

1980 年以来，现代语音处理技术蓬勃发展。在语音编码领域，线性预测编码技术大大提高了编码效率，极大降低了比特率，如 LPC – 10 编解码器可以实现 2.4 kbps 的低比特率。

1988 年，美国国防部 FS1016 语音编码标准使用了码本激励线性预测（Code Excited Linear Prediction，CELP）编解码器方案。

20 世纪 90 年代，基于多频带激励（Multi Band Excitation，MBE）模型的 2.4 kbps 比特率语音编解码器在安全通信中得到了广泛应用。

在国际标准 ITU – T G 系列中可以找到许多基于模型的声码器。在语音合成领域，设计了一种并联共振峰合成器；随后，提出了基于基音同步叠接相加的语音合成和基于语料库的合成方法。20 世纪 90 年代，基于隐马尔可夫模型的语音合成被验证具有良好的性能，这属于一种可训练的语音合成系统。

在语音识别领域，自 20 世纪 80 年代以来，基于隐马尔可夫模型的方案开始得到广泛应用，它属于统计模式识别技术，许多基于语音处理技术的产品开始出现在人们的日常生活中，如 IBM 公司的大词汇量英语听写机。20 世纪 90 年代初，卡内基梅隆大学（Carnegie Mellon University，CMU）的研究人员设计了一种与说话人无关的连续语音识别系统。说话人无关识别任务不应依赖于说话人，并且比说话人相关任务更困难。IBM 公司用中文设计了桌面语音识别产品。

随着硬件和软件的快速发展，特别是计算机科学的发展，2012 年以来，机器学习和深度学习技术开始广泛应用于语音处理系统，尤其是语音识别、语音增强、语音合成的系统性能有了极大提升，当前仍然是热点研究领域。近年来，数据驱动的思想也开始用于语音压缩编码，基于深度学习的语音编码技术逐渐表现出比传统编码器更高的压缩效率。传统信号处理和深度学习相结合的方式是当前语音信号数字处理领域普遍使用的技术路线，未来人工智能、认知计算等新的研究思路和方法也会给语音系统带来更加智能的处理能力。

1.4　认识语音信号

在研究各种语音处理技术之前，首先要对语音信号本身进行深入的了解；如语音信号的一些重要特点，语言信号是由哪些基本单元组成的，是怎样组成的，发声器官又是如何发出这些声音的，并在此基础上建立一个简单且易于分析的模型。

语音信号是一维非平稳信号，通常以数字方式表示并进行处理。在研究中，我们可能会遇到一些物理量。频率（frequency）是每单位时间重复事件的发生次数，其单位为赫兹（Hz）。采样将连续时间信号转换为离散时间信号（实数序列）。采样率（samples rate）是每单位时间的采样频率，单位也是赫兹。奈奎斯特（Nyquist）采样率是允许精确重构采样模拟信号的最低采样率。量化（quantization）用来自有限组离散值（或水平）的近似值替换每个样本（实数）。量化精度是分配给每个样本的比特数（位数），分配比特数不同就会产生多个不同的量化级别。量化器使用的级别越多，其量化噪声越低。数字语音信号可以存储在计算机的文件中，声音文件的格式可以有很多种。例如，原始文件通常是 PCM 格式；Wav 文件具有指示声音格式的文件头；MP3 是一种音频编码标准的压缩文件。语音信号可以在时域、频域和时频域中进行表示。短时傅里叶变换通常用于将某段较短时间内的波形转换为频谱。语音信号主要指人发出的声音，它不同于音乐声音和背景噪声。大多数音乐声音都有更为丰富的频率成分，而背景噪声是对有意义声音的干扰。语音信号可以在时域中用波形（waveform）表示，在频域中通常用频率响应（frequency response）表示，称为频谱（spectrum），而语谱图（spectrogram）可以用一种二维图像同时显示语音的时频特征。

我们可以用类似示波器和频谱分析仪的软件例如 Adobe Audition 软件来观察语音信号，该软件可以打开不同格式的文件，调整信号的采样率和精度，并能在时域、频域和时频域（语谱图）研究语音信号。如图 1-6 所示，图 1-6（a）是 Adobe Audition 软件中显示一段语音的波形图；图 1-6（b）是对应的语谱图，语谱图是语音处理中非常有用的观察方法。

用 Adobe Audition 软件观察语音信号时，如果打开的是 PCM 文件，第一步需要选择采样率，第二步是选择数据格式和量化精度。打开语音文件后，我们可以观察时域波形，可以在时域中选择一个小段的波形，并扩大这个段以便显示更细节的采样点，另外还可以打开子窗口以显示所选段的频率分析。语谱图的横坐标是时间，纵坐标是频率，坐标点值为语音数据

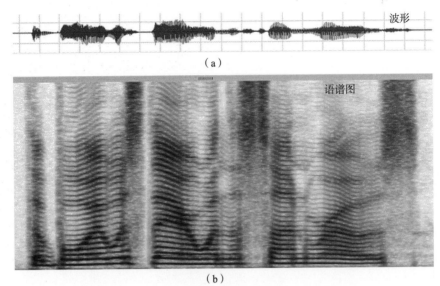

图 1-6　Adobe Audition 软件中的语音波形和语谱图
（a）语音波形；（b）语谱图

能量。由于是采用二维平面表达三维信息，所以能量值的大小是通过颜色来表示的，颜色深，表示该点的语音能量越强。此外，可以在软件中观察清音/浊音（Unvoiced/Voiced）、基音周期（Pitch cycle）、共振峰（Formant）、音节/音素（syllable/phoneme）。

图 1-7 显示一段语音信号波形，它包含 3 种声音段：静默（S - Silence）、清音（U - Unvoiced）和浊音（V - Voiced）。静默段是背景声音信号，没有语音。清音是类似噪声的声音，发声时不引起声带振动。浊音是准周期语音，具有明显的基音周期。在许多语音处理场合，首先要对 SUV 进行分类，以确保整个系统更好地工作。

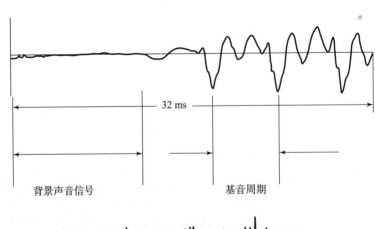

图 1-7　语音信号不同类型声音段示例

图 1-8 显示了汉语"他（ta）"中的一个音节。图 1-8（a）显示的是时域波形，它包含两个音素：清音部分是 /t/ 和浊音部分是 /a/。图 1-8（b）是对应的语谱图，很明显能看出来浊音部分和清音部分的特征不同。

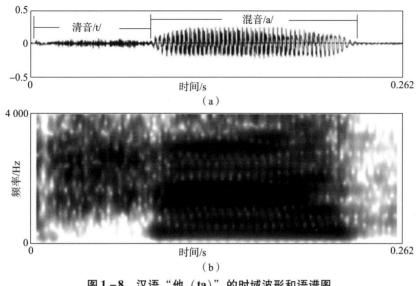

图 1-8 汉语"他（ta）"的时域波形和语谱图

（a）时域波形；（b）语谱图

语音信号的短时频谱可以通过语音段或语音帧的短时傅里叶变换获得。图 1-9 是一段浊音信号，图 1-9（a）是时域波形，图 1-9（b）是短时频谱。短时频谱显示了该浊音段含 4 个共振峰 F1、F2、F3 和 F4，而频谱中的谐波结构反映了浊音的基频及各倍频。

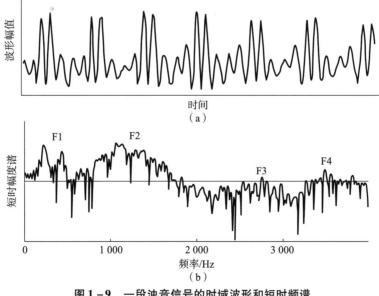

图 1-9 一段浊音信号的时域波形和短时频谱

（a）时域波形；（b）短时频谱

语音共振峰特征在语音信号识别中非常重要，范特将共振峰定义为"声谱 | P(f) | 的频谱峰值"。共振峰是对音符的某处谐波进行增强的结果。然而，在语音科学和语音学中，共振峰有时也被用来表示人类声道的声学共振。共振峰可以使用频谱图观察频谱包络的峰值或宽带，语谱图观察能量比较大的条状区域。图 1 – 10 显示了美式英语元音 [i, u, a] 的宽带语谱图及共振峰 F1 和 F2，前两个共振峰对确定元音的质量很重要。

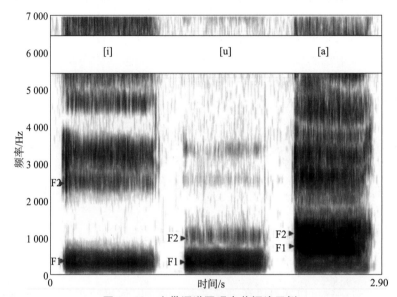

图 1 – 10　宽带语谱图观察共振峰示例

语谱图通常有两种计算方式：近似为由一系列带通滤波器产生的滤波器组或对时间信号使用傅立叶变换进行计算得到。通过简单改变滤波器带宽或者观察窗口的宽度，可以获得所谓的宽带（wideband）和窄带（narrowband）谱图。宽带频谱图，使用较大带宽的滤波器。窄带频谱图，使用带较小带宽的滤波器。图 1 – 11（a）为宽带语谱图，图 1 – 11（b）为窄带语谱图。宽带频谱图可以清晰地显示共振峰结构和频谱包络，反映频谱的快速时变过程；窄带语谱图能清晰地显示谐波的结构，反映基频的时变过程。

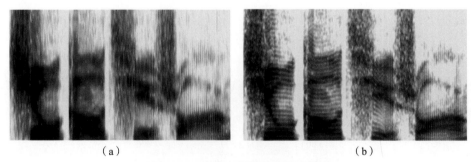

（a）　　　　　　　　　　　　　　（b）

图 1 – 11　宽带语谱图和窄带语谱图

（a）宽带语谱图；（b）窄带语谱图

本教材所描述的语音信号指语音信号的数字表示，即对模拟语音信号进行采样、量化之后的离散时域语音信号或数字语音信号。语音信号所占据的频率范围可达 10 kHz 以上，但是对语音清晰度和可懂度有明显影响的成分最高频率为 5.7 kHz。CCITT（国际电报电话咨询委员会，即国际电信联盟电信标准化部门 ITU – T 的前身）提出的数字电话 G.711 标准建议，规定窄带话音信号采样率为 8 kHz，每个采样信号用 8 bps 进行量化。

语音信号采样前必须先进行防混叠滤波，滤除高于 1/2 采样频率的信号成分或噪声，并且留有一定的带宽余量。这样其实只利用了语音信号中 3.4kHz 以内的信号分量，照理说，这样的采样率对语音清晰度是有损害的，但受损失的只有少数辅音，而语音信号本身冗余度是比较大的，少数辅音清晰度下降对语句的可懂度的影响并不明显，就像人们打电话时所体验到的那样，可以听懂，但有时候会觉得难以区分讲话者。在高清语音通信中的语音信号带宽和采样率可以提高一些，比如 2000 年，ITU – T 国际标准组织发布的自适应宽带多速率语音编解码器的标准 G.722.2（AMR – WB：Adaptive Multi Rate – Wide Band）以 16 kHz 的采样频率对带宽最高频率为 7 kHz 的电话声音信号进行采样。相比于 G.711，G.722.2 增加了 50 ~ 200 Hz 的低频成分和 3.4 – 7 kHz 的高频成分，使得语音信号的清晰度和自然度都有了明显提高。2004 年，3GPP 发布了增强型话音服务（Enhanced Voice Service，EVS）编码器以提供更高的音频带宽以及更好的话音质量，可以支持窄带（100 ~ 3 500 Hz）、宽带（50 ~ 7 000 Hz）、超宽带（50 ~ 14 000 Hz）、全频带（20 ~ 20 000 Hz）。另一方面，为了满足军事和恶劣信道环境下的应用，又要求信号占用的传输带宽越窄越好，所以对低速率语音编解码方法的研究是另一个发展方向。另外，在语音信号处理中，待分析的信号可以用时域波形样点表示，也可以用傅里叶变换后的频谱系数表示，或者其他变换，例如离散余弦变换、小波变换等；根据不同的处理需要选择恰当的语音信号表示方式，例如在变换域语音压缩编码中，通常使用语音的频域表示。

第 2 章

语音信号处理基础

从声学级别的语音信号处理角度来看，语音链包含 3 个主要部分：语音的产生、声波的分析和语音的感知。语音的产生是指说话者用发声器官发出声音的过程。人的肺看起来像能量源，将由咽和喉调制的激励信号发送到包括鼻腔和口腔在内的声道。由于声音产生的形式不同，声源可能不同，主要包括噪声、周期型和脉冲型信号，然后声波通过空气或其他媒介从扬声器传播到听众。语音的感知是指听者通过听觉器官和大脑听到和理解声音信息的过程，它包含一系列将听觉输入信号转换为各种表示的操作（神经、计算、认知）。声波经过耳蜗处理，耳蜗是对声音信号进行频谱分析，通过耳蜗处理和事件检测提取特征，然后语音理解可以通过解析音素、音节和单词来完成。本章主要内容包括语音产生的声学理论、语音感知机制以及最基础的语音处理技术，将介绍语音处理的基本知识，如语音产生机制、无损声管模型、离散时间系统模型、源滤波理论和人类听觉原理。

2.1 语音的产生

2.1.1 人体发声机理

在建立一个准确实用的语音产生模型之前，首先要对发声器官进行研究。人类的发声器官由 3 部分组成：喉、声道和嘴。下面分别介绍它们的结构和功能。

2.1.1.1 喉

喉位于气管的上方，它是由气管末端的一圈软骨构成的。上面的软骨称为甲状软骨，下面的软骨称为环形软骨。喉中有两片肌肉，称为声带，一侧由甲状软骨支撑，另一侧由两块构状软骨支撑和控制。后者又与环状软骨连接。当它们分开时声带是张开的，空气可以自由地流过喉和气管，正常呼吸时就处于这种状态。当它们合拢时，声带闭合将喉封住，在吃东西时食物就不会落入气管。如图 2-1 所示，图 2-1（a）为声带分开，图 2-1（b）为声带合拢。

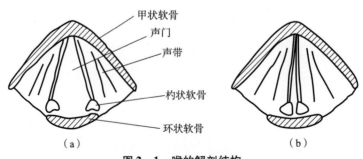

甲状软骨
声门
声带
构状软骨
环状软骨

（a）　　　　　　　　　　　（b）

图 2-1　喉的解剖结构

（a）声带分开；（b）声带合拢

2. 1. 1. 2　声道

气流从喉向上经过口腔和鼻腔后从嘴和鼻孔向外辐射，其间的传输通道称为声道（vocal tract）。声道的解剖结构（纵剖面）如图 2 - 2 所示。声道的上顶分成两部分：前部称为硬腭，它的作用是将口腔和鼻腔分开，并且支撑上排牙齿；后部由肌肉和连接组织组成，称为软腭，软腭的终端是小舌。当软腭在肌肉的作用下卷起贴在鼻道的后壁上时，鼻腔和口腔相互隔开，反之，二者连通在一起。

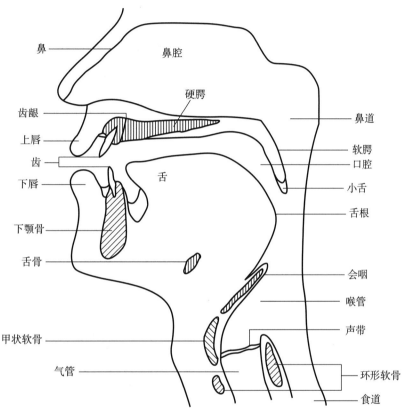

图 2 - 2　头的纵剖面及各主要发声器官

两片声带之间的空隙称为声门。说话时两片声带在杓状软骨的作用下相互靠近但不完全封闭，这样声门就变成一条窄缝。当气流通过这条窄缝时其间的压力减小，从而两片声带完全合拢使气流不能通过。在气流阻断时压力恢复正常，因此声带间的空隙再次形成，气流再次通过。这一过程周而复始地进行，就形成了一串周期性的脉冲气流送入声道。它的典型波形如图 2 - 3 所示，其中 T_p 表示周期。这一周期性气流脉冲串的周期称为基音周期（pitch -

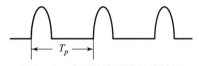

图 2 - 3　典型的声门脉冲串波形

cycle）。由这种方式发出的语音称为浊音（voiced）。另一种发生方式发出的语音称为清音（unvoiced），将在下面介绍。

气流通过声道时犹如通过一个具有某种谐振特性的腔体。输出气流的谐振特性既取决于声门脉冲串的特性，又取决于声道的特性。声道管的谐振频率称为共振峰频率，简称共振峰

（formant）。共振峰与发音器官的确切位置有很大的关系，即共振峰和声道的形状与大小有关。为了便于分析，可以把声道当作一段无损声管（lossless tube）。对成年男性而言，声道的口腔段长度为17cm左右，而鼻腔段的长度为13cm左右。其中鼻腔和口腔是否耦合，取决于软腭的位置。有耦合时发出的语音称为鼻音，否则为非鼻音。实际上声道的横截面积并非常数，所以声道模型中的声管理论上是一变截面积声管，而声道的频率特性主要取决于声道截面的最小值（一般称为收紧点）出现的位置，这一收紧点的位置主要由舌的位置来控制。

语音的另一种发声方式是声门完全闭合，这时声道不是受声门周期脉冲气流的激励而是利用口腔内存有的空气释放出来而发声。由于该气流通过一个狭窄通道时在口腔中形成湍流，因而明显具有随机噪声的特点。相应的语音称为清音（unvoiced）。汉语发音中的韵母如［a］、［i］、［u］、［o］等均为浊音（voiced），某些声母［s］、［sh］、［h］、［x］、［f］等为清音，另一些声母如［z］、［zh］、［j］等兼具二者的特点。［n］和［ng］是鼻音韵母，［m］、［n］、［l］是鼻音声母。

2.1.1.3 嘴

嘴的作用就是完成声道的气流向外辐射（radiation）。嘴的张开形状会影响语音频谱的形状，但是其作用较之声道而言是次要的。

下面介绍语音产生的生理机制结构。如图2-4所示，人的肺和相关的肌肉充当刺激发声的空气源，肌肉力通过支气管和气管将空气从肺部排出（像活塞将气缸内的空气向上推）。如果声带紧张，气流会导致声带振动，产生浊音或准周期语音（如/a/、/i/）。如果声带放松，气流继续通过声带，直到它碰到声带中的收缩处，使其变得湍流，从而产生清音（如/s/、/sh/），或者它碰到声道中的完全闭合点，形成压力，直到闭合打开，压力突然释

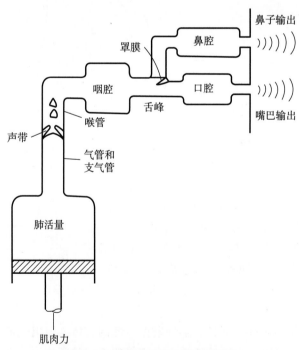

图2-4　语音产生的生理机制结构

放，导致短暂的瞬态声音，比如/p/、/t/或/k/的开头。语音产生模型可以看作是源（source）加声道（channel）。从离散时间模型的角度来看，语音产生可以看作是激励（excitation）加系统（system）。

2.1.2　语音产生的源——系统模型

从信号处理的角度来看，语音的产生过程是激励（源）通过时变滤波器（系统）输出语音，这个系统通常被建模为线性数字滤波器，该滤波器用来模拟声道对信号产生的影响。激励通常有3种类型，对应于清音、浊音、混合音源（图 2 - 5）。从人的发声机理来看，声道和鼻腔构成不同类型的滤波器。

图 2 - 5　语音产生的源滤波模型

从激励角度来看，浊音的声源可以建模为声门处的体速度源。声门是喉部的一部分，由声带和声带之间的开口组成，它通过扩展或收缩影响语音调制，从而在浊音中产生基音周期或基频。清音的声源可以建模为收缩时的串联压力源，每个频率点的压力与收缩速度和临界尺寸有关，在声道收缩处产生湍流噪声。在声门附近产生类似/t/、/p/的吸气噪声。声门上方产生摩擦噪声，如汉语声母中的/ch/、/sh/。

人类声道本质上是一个横截面积变化的管道，或者可以近似为横截面积不同的管道的串联。声学理论表明，从激励源到输出的能量传递函数可以用管的固有频率或共振来描述。共振被称为语音的共振峰或共振峰频率，它们代表从声源到输出能够引起很高声音能量传导的频率。在大约 3 500 Hz 以下存在 3 个显著的共振峰。共振峰是一种高效、紧凑的语音表示。我们可以使用无损声管模型来近似人类的发声声道，并通过研究每个声管的传输特性得到整个声道的传递函数。

2.1.3　离散时间语音产生模型

在介绍了发声器官和语音的产生方式之后，便可以建立一个离散时域的语音信号产生模型，对于进一步研究以及各种具体应用而言，这个模型是非常重要的。图 2 - 6 是一个较为简单的语音信号产生模型，对于大多数研究和应用而言，这个模型完全可以满足需要。这个模型包括 3 部分：激励源模型、声道模型和辐射模型。换言之，语音信号可以看作是激励信号 $u_G(n)$ 激励一个线性系统 $H(z)$ 而产生的输出，其中 $H(z)$ 是声道响应 $V(z)$ 与嘴唇辐射模型 $R(z)$ 相级联而成，即

$$H(z) = V(z) \cdot R(z) \tag{2-1}$$

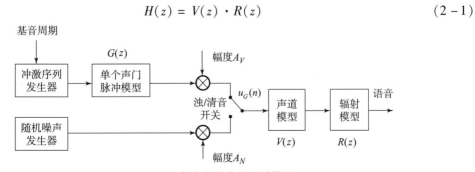

图 2 - 6　语音产生的离散系统模型

激励源分为浊音和清音两个分支，按照浊音/清音开关所处的位置确定产生的语音是浊音还是清音。在浊音的情况下，激励信号由一个周期脉冲发生器产生，所产生的序列是一个周期为 N_0 的冲激序列。为了使浊音的激励信号具有声门气流脉冲的实际波形，还需要使上述的冲击序列通过一个声门脉冲模型激励器 $G(z)$。对声门波形的频谱分析表明，其幅度频谱按每倍频程 12 dB 的速度递减。如果

$$G(z) = 1/(1 - g_1 z^{-1})(1 - g_2 z^{-1}) \qquad (2-2)$$

式中 g_1 和 g_2 都接近 1，那么由之形成的浊音激励信号频谱很接近声门气流脉冲的频谱。

乘系数 A_V 的作用是调节浊音信号的幅度或能量，因此，对于浊音来讲，还可以把声门脉冲的影响也归并到传递函数中，即

$$H(z) = G(z) \cdot V(z) \cdot R(z) \qquad (2-3)$$

在清音的情况下，激励信号由一个随机噪声发生器产生。乘系数 A_N 的作用是调节清音信号的幅度或能量。

声道模型 $V(z)$ 给出了离散时域的声道传输函数，把实际声道作为一个变截面积声管加以研究，采用流体力学的方法可以导出，在大多数情况下它是一个全极点函数，$V(z)$ 可以表示为

$$V(z) = \frac{1}{\displaystyle\sum_{i=0}^{P} a_i z^{-i}}, \text{ 其中 } a_0 = 1, a_i \text{ 为实数} \qquad (2-4)$$

这里，把截面积连续变化的声管近似为 P 段声管的级联，每段声管的截面积是不变的。P 称为这个全极点滤波器的阶。显然，P 值取得越大，模型的传输函数与声道实际传输函数的吻合程度越高。但是，对大多数实际应用而言，P 值取 8～12 就足够了。若 P 取偶数，$V(z)$ 一般有 $P/2$ 对共轭极点。

辐射模型 $R(z)$ 与嘴形有关，可以用一阶差分方程近似描述，即

$$R(z) = (1 - r z^{-1}), r \approx 1 \qquad (2-5)$$

在这个模型中，除了 $G(z)$ 和 $R(z)$ 保持不变以外，N_0、A_V、A_N、浊音/清音开关的位置以及声道模型中的参数 $a_1 \sim a_P$ 都是随时间变化的。由于发声器官的惯性使这些参数的变化速度受到限制，在较短的时间间隔内可以认为它们保持不变，所以语音的短时分析帧长一般取为 10～30 ms 即可。

从语音信号的产生模型来看，语音信号通常由声门激励经过声道模型得到，对于周期性的信号，其声门激励反映了语音的周期信息，而声道模型反映了语音的共振峰信息，这一产生过程相当于周期脉冲经过声道共振得到浊音，或者随机信号经过声道共振得到清音。语音的共振峰反映在声道响应上对应声道传函的极点，即声道谱峰值，它能够用来区分不同音素或发音，在语音识别、合成、编码中有很重要的作用。

2.1.4 声源—滤波理论

声源—滤波是在频域中概念化语音产生问题的一种方法。从频谱的角度来看，输出声音的频谱 $P(f)$ 可以由声源频谱 $U(f)$、声道传递函数 $T(f)$ 以及辐射效应 $R(f)$ 的乘积获得。

$$P(f) = U(f) \cdot T(f) \cdot R(f) \qquad (2-6)$$

式中，$P(f)$ 为输出声音频谱；$U(f)$ 为声源频谱。

对于浊音语音，声门脉冲的源函数具有谐波结构。声音通道的传递函数是声道滤波器，它反映了声管的共振特性。假设声门声源每倍频程有 12 dB 衰减，传递函数在共振峰位置有一些峰值。根据声源—滤波理论，声源频谱乘以声道传递函数的结果是具有谐波和共振峰的频谱。然后，嘴唇的辐射效应以每倍频程 6 dB 的增量提升高频分量，以获得最终输出的频谱。图 2-7 对语音产生的声源—滤波理论进行总结。声源—滤波理论认为，声音信号产生于 3 个阶段：声源（通常是浊音语音的声门波），随后通过声道共振进行滤波，最后加上辐射特性。

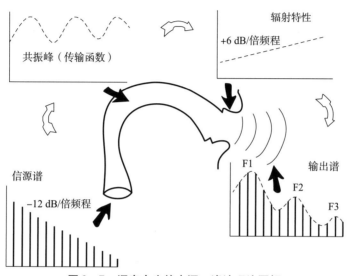

图 2-7　语音产生的声源—滤波理论图解

2.2　语音的感知

2.2.1　人耳听觉器官的生理构造

在介绍语音的感知特性之前，先简要了解人耳感知语音信号的生理基础，即人耳的构造。人的听觉系统是一个十分巧妙的声音信号处理器，听觉系统对声音信号的处理能力来自它特殊的生理结构。

人耳由外耳（outer ear）、中耳（middle ear）和内耳（inner ear）构成，如图 2-8 所示。

2.2.1.1　外耳

外耳是听觉器官的第一层，包括耳廓、耳道和鼓膜，是声波进入中耳的管状通道，虽然结构比较简单，但在听觉系统中却起着重要的作用。外耳一端开启，另一端由鼓膜封住，成年人外耳道总长为 2.5 cm 左右，直径为 0.7 cm。由计算可知它的谐振频率为 3.4 kHz。在 3~4 kHz 的频率范围内，由于外耳道的共振效应，可使外耳道入口处的声压放大 2~4 倍，即鼓膜处的声压增大了 3~6 dB，折合成声音放大为 10 dB 左右。鼓膜在声压的作用下会产生位移，日常谈话中，鼓膜位移为 10^{-8} cm。另外，在生理上，外耳还能起到保护鼓膜的作用。

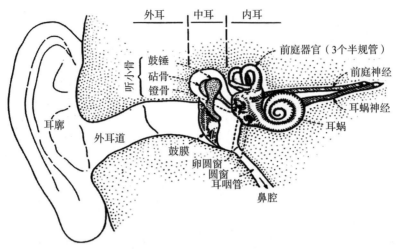

图 2-8　人耳的构造（纵剖面）

2.2.1.2　中耳

中耳是鼓膜后面的一个小小的骨腔，骨腔里有锤骨、砧骨、镫骨 3 块小骨，由它们共同作用使内耳与鼓膜建立机械链。中耳有两个主要用途：

（1）放大声压，3 块听小骨起着机械杠杆的放大作用，可使其放大 1.5 倍，更重要的放大作用是骨传导产生的，可增强声压 22 倍。

（2）保护内耳免受特强声音的损害，有两块小肌肉（连接鼓膜的一块和连接镫骨的一块）在很响的声音时起反射作用，使听小骨的传导减弱。

另外，锤骨与鼓膜相接触，镫骨则与内耳的前庭窗相接触。中耳的作用是进行声阻抗的变换，即将中耳两端的声阻抗匹配起来；同时，在一定声强范围内，听小骨对声音进行线性传递，而在特强声时，听小骨进行非线性传递，这样对内耳起着保护作用。

2.2.1.3　内耳

内耳是颅骨腔内一个小而复杂的系统，由半规骨、前庭窗和耳蜗 3 部分组成。对听觉起主要贡献的是充满液体的耳蜗（cochlea）。耳蜗是听觉的受纳器，把声音通过机械变换产生神经发射信号。耳蜗高 2 cm，宽 1.5 cm，呈螺旋状盘旋 2.5～2.75 圈。拉直后长为 3～3.2 cm。除了尖端部分以外，整个耳蜗由耳蜗隔膜隔开成 3 个区域：中间的隔膜称为基底膜，上部区域称为瑞士膜，中部区域称为耳蜗导管，上下两个区域分别称为前庭阶和骨阶，它们在尖端部分相通。耳蜗导管中充满高黏度的胶状内淋巴液，而相通的前庭阶和骨阶内则充满黏度为水的两倍的淋巴液。研究表明，基底膜的听觉响应与刺激的频率有关。当频率较低时，靠近耳蜗尖部的基底膜产生响应；反之，频率较高时，则靠近圆形窗的窄而紧的基底膜产生响应。如图 2-9 所示，如果信号是一个多频率信号，则产生的行波将沿着基底膜在不同的位置产生较大幅度。从这个意义上来讲，耳蜗就像一个频谱分析仪，将复杂的信号分解成各种频率分量，从而导致基底膜上不同位置的柯蒂氏器官（听觉感受器）的纤毛细胞对不同频率的声音引起弯曲，刺激其附近的听觉神经末梢，产生电化学脉冲，并沿听觉神经束传递到大脑。大脑对传递来的脉冲进行一系列分析与判断就可以识别并理解该语音的含义了，但其中的很多细节尚未得到充分研究。

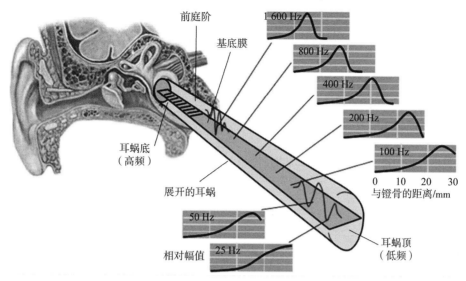

图 2 - 9　耳蜗类似频谱分析仪

并非所有的声音都能被人耳听到，这取决于声音的强度和其频率范围。通常，人耳可以感觉到频率范围为 20 Hz ~ 20 kHz、强度为 - 5 ~ 130 dB 的声音信号。因此，在这个范围以外的音频分量就是听不到的音频分量，在语音信号处理中就可以忽略掉，以节省处理成本。然而，人耳的这种感觉并不是绝对的，它将随着信号特性的不同而不同。

2.2.2　人耳的听觉感知特性

听觉感知的主要问题是响度、音高和掩蔽效应等。

1. 响度

在物理上，客观测量声音强弱的单位是声压（单位为 Pa）或声强（单位为 W/cm^2），但描述声压的大小通常用声压级（Sound Pressure Level，SPL），它指以对数尺度衡量有效声压相对于一个基准值的大小，用分贝（dB）来描述其与基准值的关系。人耳可听的声压范围为 2×10^{-5} ~ 20 Pa，对应的声压级范围为 0 ~ 120 dB，因此，引入声压级的概念易于描述线性变化很大的声压。而在心理上，主观感觉声音强弱的单位则是方（phon，响度级）或宋（sone，响度）。它们的意义是不同的，但是它们之间又有一定的联系。

当声音的强弱小到人耳刚好能听见时，称为听阈，此时的主观响度级定义为 0phon。研究表明，听阈值是随频率变化的。例如，1 kHz 纯音，在声强为 10^{-16} W/cm^2 时，刚好能被人听到；而其他频率的纯音，可能比这更大或更小的声强时，才能或就能被人刚好听到。如图 2 - 10 为通过实验得出的等响度曲线（弗莱彻—盟森曲线）。最下面一条曲线就是听阈—频率曲线，它表示各频率时的听阈声压级，即 0phon 等响度曲线。通常，人们将 1 kHz 纯音的声压级来表示响度级。频率为 1 kHz 的纯音，当声压级大到 120 dB 左右时，人的耳朵就感到疼痛，这个阈值称为痛阈，即 120phon 响度级的主观感知曲线。听阈—频率曲线和痛阈—频率曲线中间的区域就是人耳的听觉范围。

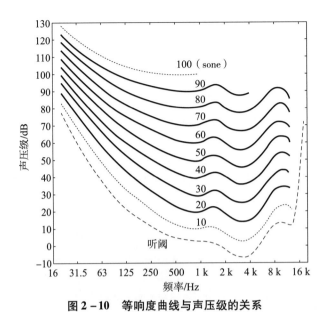

图 2-10　等响度曲线与声压级的关系

　　然而，响度级并不是响度，它只是心理学家用来表示"渐强"的标度。比如，一个响度级为 60phon 的声音比 40phon 响一些，40phon 的又比 10phon 的响一些，但没有指出响多少倍。响度则是数量的表示，其单位称为宋（sone），即 2sone 的响度可使人感到比 1sone 的响度响了两倍。人们规定，1sone 为 1 kHz 纯音在其声压级为 40 dB 时的响度。试验时，让人听两个纯音并让他调节其中一个的声压级，使他觉得比另一个响两倍，再由等响曲线图将所听声音的声压级换算成响度级。可以看出，听觉的响度与响度级不是线性成比例的。比如，从 0.1sone 到 10sone，响度的感觉增大 100 倍，而响度级则仅从 20phon 增至 60phon。对 1 kHz 纯音，声压级从 20 dB 增加到 60 dB。这 40 dB 的增量，相当于声强增大了 40 000倍，然而，响度的感觉只增加了 100 倍。这就说明，响度感觉的变化远不如声强变化那么强烈。

2. 音高

　　物理上用频率表示声音的音调，其单位是 Hz，而人类主观感觉音调是个心理过程，用音高表示，其单位是美（mel）。这也是两个既不同又有联系的概念。人的频率感觉范围最低约为 20 Hz，最高可听频率约为 20 kHz，用八度音阶表示为 9~10 个八度音。通常随着年龄的增加听力下降，可听频率范围也缩小。

　　音高的感觉是随声强而变化的。音高测量以 40 dB 声强为基准，由主观感觉来定标。让听者听两个声压级为 40 dB 的纯音，其中一个纯音的频率固定，调节另一个纯音的频率，使他感觉到后者的音高是前者的两倍，就标出了这两个同声强声音的音高差为两倍。试验表明，音高与频率之间也不是线性关系。如表 2-1 所示，对于同一声强的声音（以 40 dB 为例），用 1 kHz 纯音可听得的音高定为 1 000Mel，那么倍音高（2 000Mel）时感觉频率却不是 2 kHz，而是 4 kHz；半音高（500Mel）时感觉频率也不是 500 Hz，而是 400 Hz。

表 2 - 1　音高美与实际频率的对比

频率/Hz	音高/Mel
200	301
500	602
700	775
1 000	1 000
1 500	1 296
2 000	1 545
3 000	1 962
5 000	2 478

2.2.3　掩蔽效应

一个声音的听觉感受会受到另一个声音影响的现象称为掩蔽效应（Masking Effects），此时，前者称为被掩蔽音，后者称为掩蔽音。被掩蔽音单独存在时的听阈分贝称为绝对听阈。在掩蔽情况下，必须加大被掩蔽音的强度，此时被掩蔽音的听阈称为掩蔽听阈。两者的比值，即掩蔽听阈/绝对听阈称为阈限移动，这就是掩蔽效应的度量值。

1. 同时掩蔽和非同时掩蔽

按照掩蔽音和被掩蔽音在时间上的先后关系可将掩蔽分为同时掩蔽和非同时掩蔽。

同时掩蔽是指同时存在一个弱信号和一个强信号频率接近时，强信号会提高弱信号的听阈，当弱信号的听阈被升高到一定程度时，就会导致这个弱信号变得不可闻。例如，同时出现的 A 声和 B 声，若 A 声原来的阈值为 50 dB，由于另一个频率不同的 B 声的存在，使 A 声的阈值提升到 68 dB。将 B 声称为掩蔽声，A 声称为被掩蔽声。68 dB - 50 dB = 18 dB 为掩蔽量。掩蔽作用说明：当只有 A 声时，必须把声压级在 50 dB 以上的声音信号传送出去，50 dB 以下的声音是听不到的。但当同时出现了 B 声时，由于 B 声的掩蔽作用，使 A 声中的声压级在 68 dB 以下的部分已经听不到了，可以不予传送，而只传送 68 dB 以上的部分即可。一般来说，对于同时掩蔽，掩蔽声越强，掩蔽作用愈大；掩蔽声与被掩蔽声的频率靠得越近，掩蔽效果越显著。两者频率相同时掩蔽效果最强。同时掩蔽又分为纯音对纯音的掩蔽和噪声对纯音的掩蔽。

当 A 声和 B 声不同时出现时也存在掩蔽作用，称为瞬时掩蔽或短时掩蔽，即非同时掩蔽。瞬时掩蔽又分为后向掩蔽和前向掩蔽。掩蔽声 B 即使消失后，其掩蔽作用仍将持续一段时间（0.1 ~ 0.2 s），这是由于人耳的存储效应所致，这种效应称为前向掩蔽。若被掩蔽声 A 出现后，相隔 0.05 ~ 0.2 s 之内出现了掩蔽声 B，它也会对 A 起掩蔽作用，这是由于 A 声尚未被人所反应接受而强大的 B 声已经来临所致，这种掩蔽称为后向掩蔽。掩蔽效应已经成功地应用于语音编码器以提高编码语音的听觉质量。非同时掩蔽在研究音联现象时很重要，另外，非同时掩蔽在建立听觉模型时也是需要重点考虑的因素。

2. 纯音对纯音的掩蔽

探索某一频率的纯音对各种不同频率纯音的掩蔽现象，可得到如图 2 - 11 所示的掩蔽效应曲线。图 2-11（a）掩蔽音的频率为 400 Hz，图 2-11（b）掩蔽音的频率为 2 000 Hz。图 2-11 给出了掩蔽音的声压级分别为 40 dB、60 dB、80 dB 和 100 dB 时，测得的被掩蔽音的听阈随其频率而变化分别得到不同掩蔽曲线。

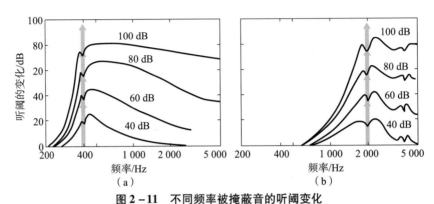

图 2-11　不同频率被掩蔽音的听阈变化

（a）掩蔽音的频率为 400 Hz；（b）掩蔽音的频率为 2 000 Hz

从这些掩蔽曲线以及其他的此类试验中可以总结出纯音掩蔽纯音的 3 条规律：

（1）对于中等掩蔽强度来说，纯音最有效的掩蔽出现在它自身的频率附近，比如 400 Hz 掩蔽音的掩蔽曲线的峰值都出现在 400 Hz 左右，而且被掩蔽音的听阈随着二者频率差的增大而逐渐降低。

（2）掩蔽音的掩蔽量随掩蔽音的声强的增加而增加。

（3）低频的纯音可以有效地掩蔽高频的纯音，而高频的纯音对低频的掩蔽作用则很小。简单地说就是低音容易压住高音。这一点从图 2-11（a）的曲线在掩蔽音频率高于被掩蔽音频率的一侧（即图 2-11（a）中曲线峰值的左侧），被掩蔽音的听阈要下降快得多可以看出来。

3. 噪声对纯音的掩蔽

针对噪声对纯音的掩蔽，可把噪声视为很多纯音组成的宽带音。根据以上的理论，由于掩蔽效应最明显的是被掩蔽纯音频率附近的一个窄带的掩蔽分量，因此，人们常用"频率群"掩蔽的概念来解释。用一中心频率为 f、带宽为 Δf 的白噪声来掩蔽一定频率的纯音，先将这个白噪声的强度调节到使被掩蔽纯音恰好听不见为止，然后将 Δf 由大到小逐渐减小，而保持单位频率的噪声强度（即噪声谱密度）不变。起初这个纯音一直是听不见的，但当 Δf 小到某个临界值时，这个纯音突然就可以听见了。如果再进一步减小 Δf，被掩蔽音 f 会越来越清晰。这里刚刚开始能听到被掩蔽音时的 Δf 宽的频带，称为频率 f 处的临界带。如图 2-12 所示，临界带宽（critical bandwidth）可用等效矩形带宽（Equivalent Rectangular Bandwidth，ERB）等价，频率 f 处的 ERB 在中等声音水平且频率范围为 0.1~10 kHz 的条件下，可以用式（2-7）近似表示：

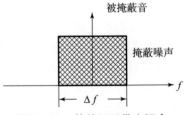

图 2-12　等效矩形带宽概念

$$ERB(f) = 24.7(4.37f + 1) \qquad (2-7)$$

当掩蔽噪声的带宽窄于临界带的带宽时，能掩蔽住纯音 f 的强度是随噪声的带宽增加而增加的；但当掩蔽噪声的带宽达到临界带之后，继续增加噪声带宽就不再引起掩蔽量的提高了。临界带宽是随其中心频率而变的，被掩蔽纯音的频率（即临界带的中心频率）越高，临界带宽也越宽。不过二者的变化关系不是线性关系，图 2 − 13 为掩蔽噪声的临界带宽与被掩蔽音频率之间关系的曲线。根据前面介绍的人耳的生理结构，即人耳基底膜具有频谱分析仪的作用，可以很容易理解临界带现象的出现。

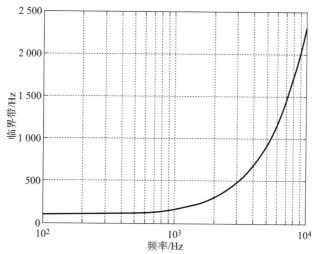

图 2 − 13　掩蔽噪声的临界带宽与被掩蔽音频率之间关系的曲线

4. 绝对听阈

绝对听阈（Absolute threshold）也称寂静听阈，反映的是在安静的环境里人耳刚能听到声音时声音应具有的最小声压级。声压级为 0 dB 时对应的声压为 20 μPa。人耳对不同频段声音的敏感程度不同。一般而言，人类对频率介于 20 Hz ~ 20 kHz 的语音信号有听觉能力，年轻人可听到将近 20 k Hz 的声音，而老年人可听到的高频声音要减少到 10 kHz 左右。正常人可听声音的强度范围为 0 ~ 120 dB SPL，这里的基准声压（0 dB SPL）是 10^{-16} W/cm^2 或 20 μPa。然而人对各频率的听觉感受是不同的。其中频率 400 Hz 到 6 kHz 左右的语音信号给人的感受最为强烈，这也正好是人类说话时的频率范围。相对地，频率偏低或偏高的信号往往需要较大的能量才能让人听见。

经过试验研究，绝对听阈和频率的关系给出可以近似表达为

$$T_q(f) = 3.64(f/1\,000)^{-0.8} - 6.5e^{-0.6(f/1\,000-3.3)^2} + 10^{-3}(f/1\,000)^4 \text{ (dB SPL)} \tag{2−8}$$

如图 2 − 14 所示的对数频率—声压级的坐标图上可以根据此公式绘出一条称为人耳听觉能力的曲线（图中虚线），通常称为绝对阈值曲线。

绝对阈值曲线的最小值出现在 4 kHz 附近，频带上的能量值小于曲线值的声音则人耳无法察觉到，当能量超过临界曲线时，就能听到该声音。当出现一个纯音时（图 2 − 14 中黑色竖线所示掩蔽音），则会在这个纯音附近增强掩蔽效应。整个掩蔽曲线通常是纯音掩蔽和绝对听阈共同作用的结果，当有一些信号例如图 2 − 14 左侧黑色竖线所示的不被掩蔽的信号在整个掩蔽曲线之上时，此时的声音是人耳可以听到的；而其他信号例如图中虚线竖线所示的被掩蔽信号在掩蔽曲线之下时，此时的声音给人耳的感觉却是无声的。

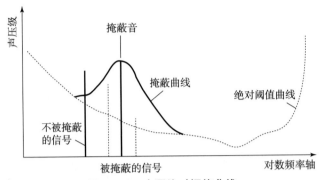

图 2-14　人耳绝对阈值曲线

2.2.4　临界带宽

　　临界带宽除了用上面所述的 ERB 等效矩形带宽来等价，通常也可以用巴克（bark）来表示。bark 刻度是另外一个用于描述人耳对频率感知的非线性尺度，所以临界带通常也称为巴克带，它实际上是一组基于 bark 频率的三角滤波器。人耳对声音的听觉感受特性以巴克来描述要比以普通的赫兹为单位的线性频率刻度要好。巴克带提出的意义是，可将人耳当作一个并联的带通滤波器组，各个滤波器有不同的带宽，分别对听觉作出不同的贡献。同样，在研究语音的感知特征时，可以将频谱能量在各个临界频带上的分布求出，分别考虑各带的掩蔽效应、听觉响度与频率关系，从而研究各带频谱对听觉的影响。

　　如表 2-2 所示，20～16 000 Hz 的频率范围可以分成 24 个巴克带频率群，这些频率群的划分相应于基底膜分为许多很小的部分，每一部分对应一个频率群。掩蔽效应就在这些部分内发生，对应同一基底膜部分的那些频率的声音，在大脑中似乎是叠加在一起评价的，如果它们同时发生，则会互相掩蔽。因此，频率群与临界带之间存在密切的联系。

表 2-2　巴克带的频率群表

频率群序号	中心频率 f_m/Hz	临界带宽 Δf/Hz	下限频率 f_l/Hz	上限频率 f_h/Hz
1	50	80	20	100
2	150	100	100	200
3	250	100	200	300
4	350	100	300	400
5	450	110	400	510
6	570	120	510	630
7	700	140	630	770
8	840	150	770	920
9	1 000	160	920	1 080
10	1 170	190	1 080	1 270

频率群序号	中心频率 f_m/Hz	临界带宽 Δf/Hz	下限频率 f_l/Hz	上限频率 f_h/Hz
11	1 370	210	1 270	1 480
12	1 600	240	1 480	1 720
13	1 850	280	1 720	2 000
14	2 150	320	2 000	2 320
15	2 500	380	2 320	2 700
16	2 900	450	2 700	3 150
17	3 400	550	3 150	3 700
18	4 000	700	3 700	4 400
19	4 800	900	4 400	5 300
20	5 800	1 100	5 300	6 400
21	7 000	1 300	6 400	7 700
22	8 500	1 800	7 700	9 500
23	10 500	2 500	9 500	12 000
24	13 500	3 500	12 000	15 500

2.3 短时分析技术

语音信号是一种典型的非平稳信号，但是由于语音信号的形成过程与发音器官的运动是密切相关的，这种物理运动比起声音振动速度要缓慢得多，因此语音信号常常可假定为短时平稳的，即在 10 ~ 30 ms 的时间段内，其频谱特性和某些物理特征参量可近似地看作是不变的，这样就可以采用平稳过程的分析处理方法来处理了。下面几小节介绍的语音信号的处理方法都基于短时平稳的假定，因此短时平稳性就成了语音信号最重要的特点，在某些短时段中它呈现随机噪声（清音）的特性，另一些短时段则呈现出周期信号（浊音）的特性，其他则是两者的混合。

本节介绍的平均过零率、短时能量和平均幅度以及短时自相关函数，都是在语音信号的短时平稳的假定下从时域来分析的一些物理参量。这种时间依赖处理的基本手段，就是下面先要介绍的语音信号的加窗。

2.3.1 语音信号的加窗

在绝大多数情况下，语音信号处理的帧长典型取值为 20 ms（当采样率为 8 kHz 时，相当于有 160 个信号样值）。而且相邻两帧之间可能会有一定的交叠，交叠部分称为帧移。帧移与帧长的比例一般取 0 ~ 1/2。已取出的一段语音 $s(n)$ 要经过加窗处理，用一定的窗函数 $\omega(n)$ 来乘 $s(n)$，从而形成加窗语音 $s_\omega(n)$，即

$$s_\omega(n) = s(n) \cdot \omega(n)$$

在语音信号数字处理中常用的窗函数是矩形窗、汉明（Hamming）窗和汉宁（Hanning）窗，其定义分别如下：

（1）矩形窗：

$$\omega(n) = \begin{cases} 1, & 0 \leq n \leq L-1 \\ 0, & \text{其他} \end{cases} \tag{2-9}$$

（2）汉明窗：

$$\omega(n) = \begin{cases} 0.54 - 0.46\cos(2\pi n/(L-1)), & 0 \leq n \leq L-1 \\ 0, & \text{其他} \end{cases} \tag{2-10}$$

（3）汉宁窗：

$$\omega(n) = \begin{cases} 0.5(1 - \cos(2\pi n/L)), & 0 \leq n \leq L-1 \\ 0, & \text{其他} \end{cases} \tag{2-11}$$

式中，L 为窗长。

图 2-15 给出了帧移与帧长之比为 1/2 时加窗信号前后帧的相对关系。需要注意的是同一段语音信号当采用不同的交叠帧移时所得到的实际处理帧数会有不同，且采用不同的窗函数对语音信号的处理效果也会有所不同。

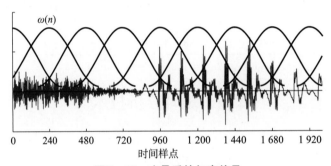

图 2-15　交叠后的加窗信号

2.3.2　语音的短时参数

1. 短时能量、短时平均幅度和短时平均过零率

这是语音信号的一组最基本的短时参数，在各种语音信号数字处理技术中都可以进一步应用作为提取的语音段特征。在计算这些参数时一般使用的是矩形窗、汉明窗或汉宁窗。假设加窗语音信号 $s_\omega(n)$ 的非零区间为

$$n = 0 \sim (L-1)$$

（1）当窗的起点 $n=0$ 时，语音信号的短时能量用 E_0 表示，其计算公式为

$$E_0 = \sum_{n=0}^{L-1} s_\omega^2(n) \tag{2-12}$$

如果窗 $\omega(n)$ 的起点不是 $n=0$ 而是其他某个整数 m，那么相应的短时能量用 E_m 表示，其取和限为 $n = m \sim (m+L-1)$。

（2）窗的起点为 $n=0$ 时，语音信号的短时幅度用 M_0 表示，其计算公式为

$$M_0 = \sum_{n=0}^{L-1} |s_{\omega}(n)| \qquad (2-13)$$

同样，当窗的起点为任意整数 m 时，可表示为 M_m。M_0 也是一帧语音信号能量大小的表征，它与 E_0 的区别在于计算时小取样值和大取样值不因平方而造成较大差异，这在某些应用领域中会带来一些好处。

（3）当窗的起点 $n = 0$ 时，语音信号的短时过零率用 Z_0 表示，以表示一帧语音信号波形穿横轴（零点平）的次数。它可以用相邻两个取样值改变符号的次数来计算：

$$Z_0 = \frac{1}{2}\left\{ \sum_{n=0}^{L-1} |\operatorname{sgn}[s_{\omega}(n)] - \operatorname{sgn}[s_{\omega}(n-1)]| \right\} \qquad (2-14)$$

式中，$\operatorname{sgn}[\cdot]$ 表示取符号，即

$$\operatorname{sgn}[x] = \begin{cases} 1, & \text{当 } x \geqslant 0 \\ -1, & \text{当 } x < 0 \end{cases} \qquad (2-15)$$

同样，当窗的起点为任意整数 m 时，短时过零率用 Z_m 表示。

短时能量和短时过零率可用于区分清音和浊音。在大多数情况下，浊音段的能量集中在较低的频带中并具有较低的过零率，而清音段的能量则集中在较高的频带中且具有较高的过零率。图 2–16 显示了 3 种情况（静默 S、清音 U 和浊音 V）下语音帧的短时幅度 M 和短时过零率 Z 的条件概率密度。可以看出，浊音的短时幅度最大，静默的短时幅度最小，清音的短时幅度居中。清音的短时过零率最大，静默的短过零率居中，浊音的短过零率最小。概率分布具有重叠部分，这意味着对于混合类型的信号将存在误分类。有时，将所有 3 个参数组合起来进行 SUV 分类、语音活动检测（Voice Activity Detection，VAD）或语音端点检测。

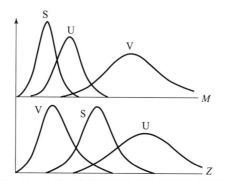

图 2–16　3 种语音帧下短时参数概率密度示意图

2. 短时自相关函数和短时频谱

假设加窗语音信号 $s_{\omega}(n)$ 的非零区间为 $n = 0 \sim (L-1)$。$s_{\omega}(n)$ 的自相关函数称为语音信号 $s(n)$ 的短时自相关函数，用 $R_w(l)$ 表示，计算公式为

$$R_w(l) = \sum_{n=-\infty}^{\infty} s_w(n)s_w(n+l) = \sum_{n=0}^{L-l-1} s_w(n)s_w(n+l) \qquad (2-16)$$

易于证明，$R_w(l)$ 是偶函数，即 $R_w(l) = R_w(-l)$。$R_w(l)$ 在 $l = (-L+1) \sim (L-1)$ 区间之外恒为 0。$R_w(l)$ 的最大值在 $l = 0$ 处，且 $R_w(0)$ 等于加窗语音的平方和，即

$$R_w(0) = \sum_{n=0}^{L-1} s_{\omega}^2(n) \qquad (2-17)$$

$s_\omega(n)$ 的离散时域傅里叶变换（DTFT）$S_w(\exp(jw))$ 称为 $s(n)$ 的短时频谱，可以用下式计算：

$$S_w(\exp(jw)) = \sum_{n=0}^{L-1} s_\omega(n)\exp(-jwn) \tag{2-18}$$

$|S_w(\exp(jw))|^2$ 便称为 $s(n)$ 的短时功率谱。假设 $s(n)$ 的 DTFT 是 $S(\exp(jw))$，且 $\omega(n)$ 的 DTFT 是 $W(\exp(jw))$，那么 $S_w(\exp(jw))$ 是 $S(\exp(jw))$ 和 $W(\exp(jw))$ 的周期卷积。又由于方窗的 $W(\exp(jw))$ 有较大的上下冲，采用方窗时求得的 $S_w(\exp(jw))$ 与 $S(\exp(jw))$ 的偏差较大，这就是吉布斯效应。为了减小其影响，在求短时频谱时，一般采用上下冲较小的汉明窗。在语音信号处理中，都是采用 $s_\omega(n)$ 的离散傅里叶变换（DFT）$S_w(k)$ 来替代 $S_w(\exp(jw))$，并且可以用高效的快速傅里叶变换（FFT）算法完成由 $s_\omega(n)$ 至 $S_w(k)$ 的转换。为了使 $S_w(k)$ 具有较高的谱分辨率，所取的 DFT 以及相应的 FFT 点数 L_1 较 $s_\omega(n)$ 的长度 L 要大。例如，在通常采样率为 8 kHz 且帧长为 20 ms 时 $L=160$，而 L_1 一般取 256、512 或 1 024。为了将 $s_\omega(n)$ 的点数从 L 扩大到 L_1，可以在扩大的部分添加若干个零取样值。

可以证明，$|S_w(\exp(jw))|^2$ 是 $R_w(l)$ 的 DTFT，表示如下：

$$|S_w(\exp(jw))|^2 = \sum_{n=-L+1}^{L-1} R_\omega(l)\exp(-jwl) \tag{2-19}$$

短时自相关函数和短时频谱（或短时功率谱）是语音信号非常重要的一对短时参数，分别在时域和频域中表征了语音信号的一些主要特征，它们除了直接用于实现各种语音信号分析、处理以及完成各种应用技术以外，还是其他算法的基本参数。

2.4　基音周期估计

本节将学习一种广泛应用于语音信号处理的重要技术：基音周期估计，也称为基音检测。浊音语音可以看作是缓慢演变的基音周期波形的串联。需要注意的是基音周期仅存在于浊音语音波形中，基音频率（基频）是基音周期的倒数。

我们可以从时域语音波形中观察基音周期，从窄带语谱图中观察基频。基音周期可以判断声音的音调在听感意义上是高还是低。在数字语音处理中，有时基音被估计为一个基音周期中的样点数。图 2-17 显示的是由数字语音波形谷值标注的基音周期。从图 2-18 一段语音信号的窄带语谱图中，可以观察最低频率下缓慢变化的深色线即对应基频的变化。

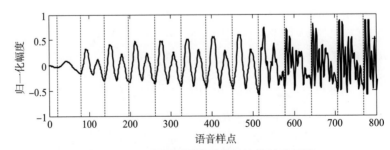

图 2-17　数字语音波形谷值标注的基音周期

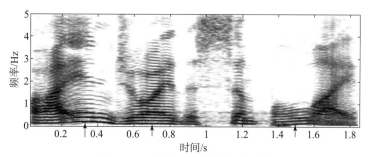

图 2 - 18 窄带语谱图及基频的变化

基音是声源的一种重要特征，语音的基频可以在 80 ~ 500 Hz 变化。大多数情况下，基音频率范围为 100 ~ 200 Hz。有时，范围可以从低音男性声音的 40 Hz 变化到儿童或高音女性声音的 600 Hz。基音检测算法是一种用于估计准周期或振荡信号（通常是语音、音符或音调的数字记录）的基音或基频的算法，可以在时域或频域或同时两个域中进行。在时域中，该算法通常估计一段准周期信号的周期值，然后反转该值给出对应的基音频率。时域基音检测的一般过程包括预处理、基音估计和后处理。在预处理中，首先进行 SUV 检测。如果语音段是清音或无声的，基音周期设置为 0，还可以使用中心削波或滤波来避免倍频和分频。在时域中，基音估计通常基于短时语音参数计算，如短时自相关或短时平均幅度。在后处理中，通常会进行平滑操作，以避免帧误判造成的异常值。

一种常用的基音检测方法是基于短时自相关算法。下面用函数 $R(k)$ 给出短时自相关的定义。第一步是通过加窗选择语音段，然后计算加窗语音的自相关。如图 2 - 19 所示，窗口长度 L 点用于计算 $R(0)$，$L-k$ 点用于计算 $R(k)$。

$$R(k) = \sum_{m=-\infty}^{\infty} x(m)w(n-m)x(m+k)w(n-k-m) \qquad (2-20)$$

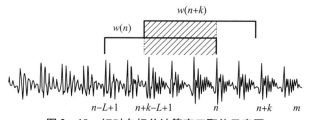

图 2 - 19 短时自相关计算窗口取值示意图

可以定义形式为 $\tilde{w}_k(n)$ 的滤波器 $\tilde{w}_k(n) = w(n)w(n+k)$，这使我们能够以另一种形式重新写短时自相关，输入信号 $x(n)$ 被延迟 k 个样本，并乘以延迟信号 $x(n-k)$，即

$$\tilde{R}(k) = \sum_{m=-\infty}^{\infty} x(m)x(m-k)\tilde{w}_k(n-m) \qquad (2-21)$$

图 2 - 20 显示了浊音和清音的短时自相关函数。图 2 - 20（a）和图 2 - 20（b）是浊音语音的结果，自相关峰值出现在基音周期及其倍数的位置。图 2 - 20（c）是清音语音的结果，因为加窗语音不是完全周期的，采样窗口内自相关函数值比在零点位置要小很多，所以不能完全定义基音。清音语音没有基音周期，短时自相关函数上没有强峰值。

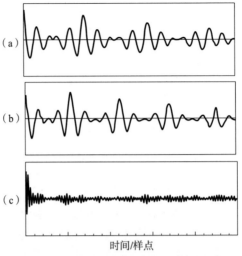

图 2 – 20　浊音和清音的短时自相关函数

（a）（b）浊音语言的结果；（c）清音语言的结果

图 2 – 21 显示了一个浊音语音帧的短时自相关及短时频谱。T_0 是基音周期，F_0 是基频，Fs 是采样率。自相关函数在基音周期及其倍数的位置上有几个峰值。

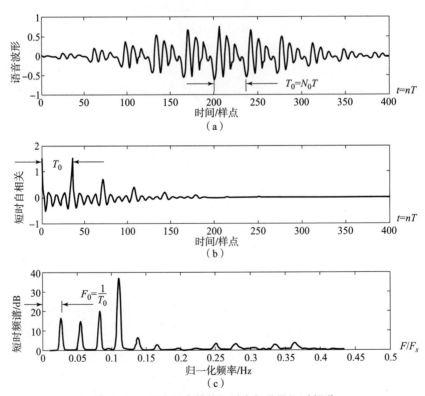

图 2 – 21　浊音语音帧的短时自相关及短时频谱

（a）语音波形；（b）短时自相关；（c）短时频谱

语音帧加窗时的窗口大小影响基音估计结果。如图 2 – 22 所示，图 2 – 22（c）当窗口长度 L 较小时，基音周期在窗口中几乎恒定。图 2 – 22（a）当窗口长度 L 较大时，在窗口中可以看到明显的周期性。随着延迟 k 的增加和窗口内样点数目的减少，自相关函数 $R（k）$ 的精度和大小也会减小。在实际应用中，窗口长度应允许包括至少两个完整的基音周期。

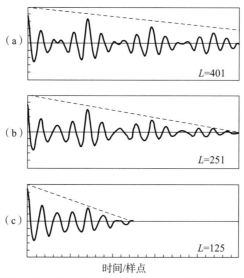

图 2 – 22　语音帧加窗长度对短时自相关的影响

（a）当窗口长度 $L = 401$ 时；（b）当窗口长度 $L = 251$ 时；（c）当窗口长度 $L = 125$ 时

在基于短时自相关的基音检测算法中，中心削波通常用于对输入语音段进行预处理。语音信号的自相关函数在使用中心削波进行预处理之后具有更尖锐的峰值。基音检测之后可以进行后处理以平滑基音周期轨迹，例如使用中值滤波、线性滤波或组合平滑方法来去除基音计算中的异常值。

估计基音周期的另一种方法是短时平均幅度差函数（Average Magnitude Difference Function，AMDF）。对于周期为 P 的信号，差函数用 $d（n）$ 表示。对于 $k = 0$，$\pm P$，$\pm 2P$，$\cdots$ 这些点上的差函数值近似为 0。对于真实语音信号，$d（n）$ 在 $k = P$ 时将很小，但不是 0。

$$d(n) = x(n) - x(n - k) \tag{2 – 22}$$

因此，可以用矩形窗口加权的连续输入信号的差来定义短时平均幅度差函数。如果两个窗口长度相同，则 AMDF 类似短时自相关函数；如果 $\tilde{w}_2$ 长于 $\tilde{w}_1$，则 AMDF 类似于修正的短时自相关（或协方差）函数，可表示为

$$\gamma(k) = \sum_{m = -\infty}^{\infty} \left| x(n + m) \tilde{w}_1(m) - x(n + m - k) \tilde{w}_2(m - k) \right| \tag{2 – 23}$$

图 2 – 23 是一个浊音语音帧的 AMDF，图 2 – 23（a）所示的是此浊音段基音周期为 42 个样点，图 2 – 23（b）中所示的 AMDF 在基音周期处的谷点比峰值更尖锐，用谷点进行基音周期估计精度更高。短时 AMDF 的计算不需要乘法，并且计算量小，AMDF 对语音信号的快速变化很敏感。

基音表示语音产生模型的声源特性，这在语音信号处理中很重要。在语音参数编码中，基频是声门激励主要特征，这对重建的声音质量非常重要。在语音识别中，基音跟踪用于语

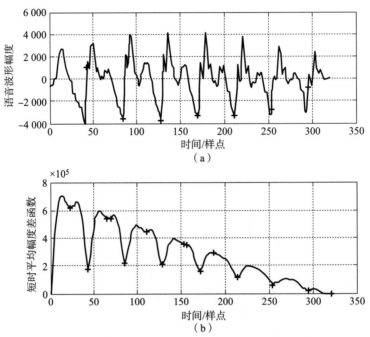

图 2 - 23 浊音语音帧的语音波形幅度和短时平均幅度差函数

（a）浊音语音帧；（b）短时平均幅度差函数

调识别，可用于消除同音词的歧义。在语音合成中，基音跟踪用于校正语音段的韵律，解决口语中的声调变化问题，同时它还代表音调和语调。在说话人转换中，改变基频可以将一个说话人转换为另一个说话人，例如男性声音与女性声音的基频不同。在实际应用中，由于清音/浊音边界模糊、倍频/半频、精度和基音周期的时变性，使基音检测很困难。研究人员进行了很多改进工作以解决基音检测中的各类问题。

第 3 章

语音质量评价技术

3.1 语音质量评价技术概述

语音作为信息传递的重要载体，与其相关构成的通信、编码、存储和处理等语音系统已成为现代社会信息交流的重要手段，广泛应用于社会各个领域。这些系统的性能好坏成为信息交流是否畅通的重要因素，而评价这些系统性能优劣的根本标志是系统输出语音质量的好坏。因此，研制灵活、方便、可靠的语音质量评价系统自然成为国内外科研工作者共同努力的目标。语音质量是语音通信中的一个重要的问题，为了提供优质的语音通信，科研工作者研究了影响语音质量的各种因素，从而发展了语音质量评价技术。

语音质量（speech quality）主要包括两个内容：清晰度和可懂度。清晰度是衡量语音中字、单词和句的清晰程度，而可懂度则是对讲话内容的辨识水平。语音质量评价不但与语音学、语言学、信号处理等学科有关，而且还与心理学、生理学等学科有着密切的联系，因此，语音质量评价是一个极其复杂的问题。语音质量评价从评价主体划分可分为两大类：主观评价（subjective evaluation）和客观评价（objective evaluation）。

语音质量的主观评价是以人为主体来评价语音的质量，是指基于一个或一组评听者在对原始语音和失真语音（一般指经过语音传输系统的语音）进行对比测听的基础上，根据某种预先约定的尺度对失真语音质量划分等级。该方式虽较为繁杂，但由于人是语音的最终接受者，因此这种评价是语音质量的真实反映。目前最常用的主观评价方法是平均意见分MOS（Mean Opinion Score）、音韵字可懂度测量 DRT（Diagnostic Rhyme Test）和改进的韵字测量 MRT（Modified Rhyme Test）。其中 MOS 评分法是一种广为使用的主观评价方法，它以平均意见分来衡量语音质量，用 5 个等级来表示语音的质量等级，分别为优（5 分）、良（4分）、一般（3 分）、差（2 分）、劣（1 分）。语音质量的主观评价当然是最准确也是最容易理解的一类方法，但同时也是一种费时费力的方法，而且经常会受到人的反应的内在不可重复性的影响。对于语音系统而言，一种可重复的、意义明确的、可靠方便的语音质量评估方法在系统设计中也是相当重要的，因此语音质量的客观评价方法相继被提出。

语音质量的客观评价方法，是指借助于某种算法和模型，由机器来自动判别语音质量，并给出类似 MOS 分值的评价值。相比主观评价方法，客观评价方法由于直接采用机器计算，明显具有省时省力、方便快捷的优点，而且意义明确，可以及时准确地提供语音系统的参数修改信息。尽管客观评价具有省时省力等优点，但它还不能反映人对语音质量的全部感受，所以大多数研究机构尤其是标准组织还是倾向以主观评价为主要手段。

3.2 语音质量主观评价技术

语音质量主观评价以人为主体，反映的是听音者对语音质量好坏程度的一种主观印象，它有多种分类方法：根据语音感觉上的特性可分为可懂度评价和音质评价等；根据测试范围可分为现场（field）评价和实验室（lab）评价；根据通信传输方向可分为交谈意见测试（双向系统）和听音意见测试（单向系统）；根据语音信号种类可分为语音评价和乐音评价。

还有很多其他分法，可参考有关文献。国际上常用的标准 ITU－T P.800 推荐交谈意见测试、听音意见测试、调查和访问测试及其他测试。交谈意见测试的目标是要尽可能在实验室环境下重现电话用户的实际服务情况（包括拨号、振铃等），通常涉及两个人之间的通信，双方回答有关交谈质量方面的问题，由受试者对被测设备给出性能评价。这种测试方法对测试环境、电路环境、试验执行过程都有严格的要求。调查和访问测试是评价有关通信技术或设备在实际中的应用情况，其耗费最多，而且试验很难控制，但是可以从整体上准确提供评价对象在实际环境中的性能。最常用的测试还是听音意见测试。

实际测试中，很多因素都会影响到评价方法的选择，如环境条件、参加人员、测试条件、测试目的和费用限制等。因此，主观评价还涉及很多实际工作，如试验环境参数校准、人员选择、语音库的录制、试验设计，最后还有试验的具体操作、数据的收集处理等。无论是什么样的测试工作，首先应当弄清测试试验的目的，才能选取合适的试验方法。目前国内外使用较多的主观评价方法有平均意见分（MOS）测试、音韵字可懂度（DRT）测试、满意度（DAM）测试、汉语清晰度测试等。国际上比较通用的语音质量主观评价标准主要是 ITU－T 关于语音系统性能评价的 P 系列建议。根据适用场合以及实验目的的不同，语音质量主观评价标准分为单向测试评价和双向测试（也称对话测试）评价。

3.2.1 语音质量主观评价标准

下面介绍几种 ITU－T 中推荐的语音质量主观评价标准。

（1）ITU－T P.800（08/1996），即传输质量的主观评价方法。ITU－T P.800 标准是对电信系统中进行语音质量主观评价的概述，其本质是平均意见分（MOS）测试，给出了电信系统中进行语音质量主观评价的普遍方法和普遍测试环境，其他所有的测试都遵循该标准建议，特别是测试环境（在所有的主观评价方法中基本相同）。MOS 以 5 级评分标准对语音质量进行评定，其评分标准如表 3－1 所示。

表 3－1 MOS 评分标准

级别	用户满意度
5（优）	很好，听得清楚，时延很小，交流流畅
4（良）	稍差，听得清楚，时延小，交流欠缺流畅，有点杂音
3（中）	还可以，听不太清楚，有一定时延，可以交流
2（差）	勉强，听不太清楚，时延较大，交流重复多次
1（劣）	极差，听不懂，交流常不通

ITU－T P.800（08/1996）标准中的测试方法主要包括交谈意见测试、听音意见测试和

调查测试。其中，听音意见测试主要方法包括绝对等级评定（Absolute Category Rating，ACR）、失真等级评定（Degradation Category Rating，DCR）、比较等级评定（Comparison Category Rating，CCR）等，对应的听音分数分别称为 ACR – MOS（MOS）、DCR – MOS（DMOS）、CCR – MOS（CMOS）。MOS 已经成为目前最有效、使用最广泛的算法。DCR 用于干扰等级评分，在每次评价之前需要有一个参考系统，听音人根据参考系统判断被测系统的语音失真大小。DMOS 评分标准及其对应的 MOS 分如表 3 – 2 所示。在对高质量语音通信系统的评价中它比 ACR 具有更高的灵敏度。

表 3 – 2　DMOS 评分标准及其对应的 MOS 评分

级别	失真级别（DMOS）
5（优）	不察觉
4（良）	刚有察觉
3（中）	有察觉且稍觉可厌
2（差）	明显察觉且可厌但可忍受
1（劣）	不可忍受

（2）ITU – T P. 810（02/1996），即调制噪声参考单元（Modulated Noise Reference Unit，MNRU）。该单元用来在主观评价测试中模拟被噪声干扰的语音，作为衰减语音参考信号。MNRU 是一个独立的单元，目的是为语音信号引入可控的衰减。ITU – T P. 810（02/1996）标准本身以及各种组织都已广泛使用 MNRU 对数字处理性能进行主观评价。实际使用的器件虽然建立在普适原则上，但是在细节上会有所不同，当然得到的主观实验结果就会有差别（这与所用的主观测听方法有关系）。MNRU 有窄带和宽带两个版本：窄带 MNRU 参考系统用于电话带宽数字信号处理的主观性能测试；宽带 MNRU 参考系统用于宽带数字信号处理的主观性能测试。ITU – T P. 810（02/1996）对 MNRU 这两个版本在装置及客观校准程序上有详细的说明，以减少它们对主观测试结果的不同影响。

（3）ITU – T P. 830（02/1996），即电话频带和宽带数字语音编码器的主观评价。ITU – T P. 830（02/1996）是对语音编解码器质量主观评价的概述，给出了语音编解码器质量主观评价的基本流程。所有的语音编解码器质量主观评价都应遵循该协议，但是针对不同的编解码器和不同的应用环境，对实验的设计方法、特别是语音样本（语料）的获取和呈现时的排序方法等都会有所差别。

（4）ITU – T P. 805（04/2007），即交谈意见测试（双向测试）。该方法由两名被测者在交谈过程中感受通信质量并给出相应的评测分数。双向测试主要是为了评价双向通信系统中的语音质量，它可以提供一个更为接近电话用户使用的真实条件的环境。除此之外，双向测试也用于评价通信损伤（如延时、丢包、回声、中断、噪声及语音削波等）造成的交谈困难，也可用于研究整个系统或某些具体因素造成的通信损伤（如延迟）等。由对话测试得到的评价结论，是对双向系统通信质量的最有效的评估。对话测试的评价结论也可以作为一种标准，用以得到其他评价方法（如 E 模型）与之的相关性，进而对其他评价方法的有效性作出判断（相关性越高，则说明那种方法越有效）。

3.2.2 音频质量主观评价标准

此外，国际电信联盟（ITU-R）发布了一些关于音频质量主观评价的标准。在具体的测听实验中，到底使用哪种音频主观评价标准要根据评价的目的和待测音频系统的质量不同而选择。

（1）ITU-R BS.1116（07/1994），包括多通道声音系统的音频系统小损伤主观评价方法，即通常所说的带隐藏基准的双盲三刺激方法。每个序列均包含 3 个信号（A/B/C），其中，A 为原始信号（无损伤）；在 B 和 C 中，有一个信号为处理过的信号（经压缩编解码后的），另一个为隐藏信号（A 的"复制品"）。该标准用来评价质量高、信号劣化十分小的音频系统。在这种音频系统中，由于音频信号的劣化相对较小，以至于难以察觉，这就要求严格控制实验条件，选用十分恰当的统计分析方法。如果这种针对高质量音频系统的评价方式被用于评价较大且极易察觉的劣化，将导致时间和精力的过分消耗，这样评价出来的结果可能反而不如一个简单的测试得出的结果可靠。1997 年，ITU-R 对该标准进行补充并最终形成 ITU-R BS.1116-1，成为其他音频主观评价标准的基本参考建议，新版本主要在附录中补充了一些特殊情况下的测试条件及方法。2015 年，ITU-R 又更新了该测试规范的部分细节要求，并发布了最新版本 ITU-R BS.1116-3。

（2）ITU-R BS.1285（10/1997），即音频系统小损伤主观评价的预选方法。由于 ITU-R BS.1116-1 标准中提出的评价方法主要针对难于检测到的小损伤音频系统，为了统计更加准确的分数，测试过程中就需要尽可能多地测试参数，所以这很耗时并且测试成本较大。该建议提出了一种预选方法，能够判断出一个音频系统是否是小损伤系统，如果是，则再使用 ITU-R BS.1116-1 来进行评价，而不需要评价那些大损伤的音频系统。建议中使用听筒以及一组听音专家来进行测试，能够测量听音人对从源端传输到目的端的损伤信号的厌烦程度，但这种方法并不适用于评价高质量音频编码器。

（3）ITU-R BS.1534（06/2001），即音频系统中等质量水平的主观评价方法。随着因特网的快速发展，很多音频材料需要在网络上进行传播，还有其他新的传输服务，如数字卫星服务、移动多媒体应用等，由于在这些应用中，数据的传输速率受到了严重限制，这就要求对音频质量进行折中，所以要使用中等质量的音频系统。该标准提出针对中等质量音频系统的主观评价新方法，即带隐藏参考和锚点的多激励测试法。这是一种双盲多激励音频信号听音比较测试方法。双盲指的是在待测评的语句中含有隐含的参考信号（通常为原始的高质量音频）和隐含的失真信号（称为锚点）。这个测试方法是一种多激励的对比听音测试，对中等音频质量的评估给出了准确而可靠的结果。在带隐藏参考和锚点的多激励测试法中，测试者可以随意选择基准信号和其他测试系统，通常使用一个电脑控制的重放系统来实现，评分范围为 0~100 分（非常好：80~100 分；好：60~80 分；一般：40~60 分；差：20~40 分；非常差：0~20 分）。每个测试中测试者必须如同面对其他被测系统处理的测试信号一样面对基准信号。由于通信技术的飞速发展，这种音频系统的评价方法就显得越发实用。2003 年，该标准被修订为新版本 ITU-R BS.1534-1，其内容本质上并没有较大改动。2015 年，该标准又被修订为最新版本 ITU-R BS.1534-3，基本的测试流程不变，只对部分测试细节进行了更新。

3.3　语音质量客观评价技术

语音质量客观评价方法一般是建立在原始语音与失真语音信号的数学对比之上。按照评价过程中是否包含语音感知模型，常用的方法可分为两类：

一类是依据各种语音特征参数的失真度，即衡量原始语音与失真语音对应特征参数之间的数值距离。这类方法的关键在于选择合适的特征参数，并建立相关度较高的回归模型，以得到较准确的平均意见分分值。

另一类是依据语音感知模型来衡量语音质量。该方法的重点是建立准确的感知模型，以尽量模拟人耳对声音的感知和判断。我们把第一类方法称为基于产生的语音质量客观评价方法，因为它需要计算各种状态参数；相应地把后者称为基于感知的语音质量客观评价方法。

另外，在一些语音处理或语音通信场合，测试过程无法同时得到输入的原始语音和输出的失真语音，只能对系统输出的语音进行评价。我们把同时具有输入和输出语音的客观评价方法称为基于输入—输出的方法，例如 ITU – T 提出的 ITU – T P. 862 标准；把只对输出语音进行评价的方法称为基于输出的评价方法，例如 ITU – T 提出的 ITU – T P. 563 标准。后者因没有原始语音比对，研究上更具有挑战性。基于输入—输出的语音质量客观评价技术已发展得较为成熟；而基于输出的语音质量客观评价技术，因为其通用性、实时性、灵活性正逐步成为研究的热点，得到了大力发展，但是在理论方法上和使用的技术参数等方面仍有待于突破性的进展。值得注意的是，研究语音客观评价的目的不是要用客观评价来完全替代主观评价，而是使客观评价成为一种既方便快捷又能够准确预测出主观评价值的语音质量评价手段。

如图 3 – 1 所示，基于输入—输出的客观评价方式主要是指系统应具备两种不同的评价对象：一种是作为语音系统输入信号的未失真的原始语音信号，通常情况下，原始语音信号往往有标准语音库文件提供；另一种是指原始语音信号经过语音传输系统后的已失真信号。这两种方法都需要通过提取语音信号的特征参数来建立评价模型并给出语音质量的评价结果。

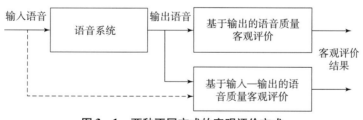

图 3 – 1　两种不同方式的客观评价方式

不难看出，在基于输入—输出模型中，输入语音（即原始语音）与输出语音（失真语音）之间的同步是非常重要的，它是决定客观评价结果正确与否的关键因素，也是在实际操作过程中需要解决的问题。从研究历程可以看出，五十多年来，语音质量客观质量评价方法的研究主要集中于基于输入—输出信号方式的评价。随着计算机通信、电子、人工智能等技术的飞速发展，对语音质量评价方法的实用性和可操作性提出了更高的要求。20 世纪 90

年代以来，基于输出的评价方法已经逐渐成为国内外学者研究的重点。基于输出的评价在没有原始语音信号的条件下，仅根据语音系统的输出信号进行语音质量评价，又称为非插入式（non – intrusive）评价，其难度相对较大。

下面介绍几种 ITU – T 推荐的语音质量客观评价标准。

（1）ITU – T P. 861（02/1998），即话带（300 ~ 3 400 Hz）语音编解码器的客观质量测试。该标准是 ITU – T 通过的第一个语音质量客观评价标准。ITU – T P. 861（02/1998）规定了用于客观质量测试的源语音产生过程以及基于感知语音质量测试（Perceptual Speech Quality Measurement，PSQM）的客观质量评价方法，从而根据客观测试结果分析并估计出主观语音质量。PSQM 既能用于语音编码器的优化、改进和选择，也能用于网络规划和运营网络测试。PSQM 仍以 MOS 的 5 个级别作为评价结果。图 3 – 2 为 ITU – T P. 861（02/1998）定义的 PSQM 算法评价模型。

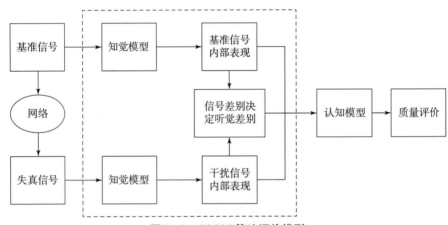

图 3 – 2　PSQM 算法评价模型

PSQM 通过比较失真语音（如通过语音编解码器和网络传输过来的语音）和参考语音来评估失真语音的质量。参考语音和失真语音都经过知觉模型被映射成能够代表人类听觉感受的心理声学表示形式，然后通过比较两者心理声学表示上的差别来得到语音质量评分。另外，ITU – T P. 861（02/1998）还能用来评估语音输入电平、讲话人、比特率及转码对语音编解码器的主观质量的影响程度。

（2）ITU – T P. 862（02/2001），即语音质量感知评价（Perceptual Evaluation of Speech Quality，PESQ），用于窄带电话网络端到端语音质量和话音编解码器质量的客观评价。该标准是基于输入—输出方式的典型算法，其中使用的 PESQ 算法将感知分析测试系统法（Perceptual Analysis Measurement System，PAMS）的时间排列技术和 PSQM 的精确感知模型相结合，成为一种更为精确的评价方法。基于该算法的评分结果与 MOS 主观评分结果的相关度可以高达 0.935。

PESQ 算法评价模型如图 3 – 3 所示。在测试开始时两个信号都经过电平调整后，再由输入滤波器模拟标准电话听筒进行滤波；接着这两个信号经过时间对准，并通过听觉变换，这个变换包括对系统中线性滤波和增益变化的补偿和均衡。算法处理中提取两个失真参数，并在频率和时间上综合起来映射到主观平均意见分的预测模块中。与 MOS 主观测试采用的 5

级评分标准一样，PESQ 与 MOS 的映射分数从 −0.5 ~ 4.5，越接近 4.5 表明语音质量越好，反之越差。另外，该标准还可适用于网络环境，包括连接、编解码、包丢失和时延变化等情况。2007 年，ITU − T 还补充了 ITU − T P.862.2 建议，这是用于宽带电话网络和语音编解码器评估的建议，属于 ITU − T P.862 的宽带扩展。

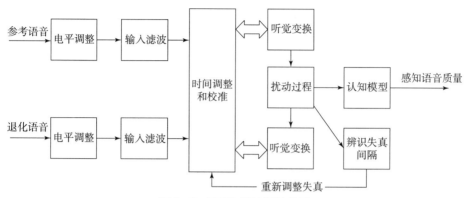

图 3 − 3　PESQ 算法评价模型

（3）ITU − T G.107（03/2005）E − model，即用于传输规划的计算模型。为了克服 PSQM 和 PESQ 不能用于在数据网络上分析语音质量的缺点，该标准给出 E 模型算法作为通用的 ITU − T 传输性能等级模型，即为 VoIP 的语音质量评价标准。E − model 关注数据全面的网络损伤因素，很好地适应了在数据网络中语音质量的评估。G.107 默认用 R 值表示 E − model 的评估结果，用户满意度等级与 R 值和主观交谈测试 MOS 值的对应关系如图 3 − 4 所示。

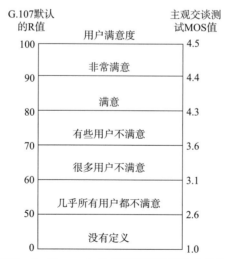

图 3 − 4　E − mode 的用户满意等级与 R 值和
主观交谈测试 MOS 值的对应关系

这个计算模型对传输规划人员很有用，能帮助他们确保用户获得满意的端到端话音通信性能。该模型是基于输出的评价方法，其想法是将语音信号传输过程中若干因素对音质的负面影响综合为参数 R 值，被称为全面的网络传输等级要素，取值范围为 0 ~ 100，用以评估该语音呼叫的主观品质。R 的值越大，表明语音品质越好。在 2000 年的版本中，给出了 E 模型的增强版，它更好地考虑了发送侧室内噪声的效应和量化失真。2002 年版将随机的信息包丢失引起的损伤包括各种编解码方式引入 R 参数计算中。2005 版本能够对（短期）信息包丢失相关情况下的编解码进行更精确的质量预测。

（4）ITU – T P.863（01/2011），即感知客观听音质量评价标准，该标准是新一代语音评价算法——POLQA（Perceptual Objective Listening Quality Analysis），适用于固定网络、移动网络和 IP 网络通信质量评价。POLQA 已经被 ITU – T 选择作为 2011 年颁布的 P.863 规范的核心组成部分，可以满足高清语音、3G、4G/LTE 宽带语音质量评估需求。为了拟合人的感觉，POLQA 设计了更先进的心理声学模型，并把声音变换到 Bark 域，其性能超越 PESQ 算法 56%。POLOA 不仅开辟了新的应用领域，而且消除了 PESQ 的弱点，带宽也增至 14 kHz，最终将会取代 PESQ（P.862），成为新一代移动通信中语音质量评价的主流标准。

（5）ITU – R BS.1387（12/1998），即感知音频质量客观测试方法（Perceptual Evaluation of Audio Quality，PEAQ）。该方法是融各家之长而产生的数字音频质量客观评价方法，其模型如图 3 – 5 所示。

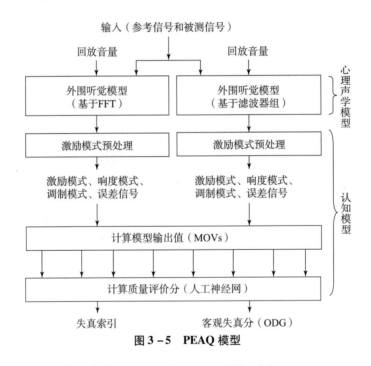

图 3 – 5　PEAQ 模型

PEAQ 以心理声学模型为基础，通过时频变换、频带分组、掩蔽计算、谐波分析等方法较好地模拟了人耳对声音产生响应到最终感知的全过程。PEAQ 能提供更多的关于参考信号和测试信号间区别的评价参数，如噪声掩蔽比（Noise to Mask Ratio，NMR）、谐波失真结构（Error Harmonic Structure，EHS）等，这些参数可以让数字音频系统的开发人员更加充分了解系统性能，也为系统改进提供了依据。PEAQ 认知模型对心理声学模型得到的内部信号表示——PEAQ 中称为激励模式（Excitation Patterns），进行各种预处理，提取不同的特征参数——PEAQ 中称为模型输出变量 MOV（Model Output Variables），最后通过人工神经网映射成单值的客观质量评分 ODG（Objective Difference Grade）。

　　针对不同的实际应用场合，PEAQ 算法给出了两个版本：基本版本（Basic Version，BV）和高级版本（Advanced Version，AV）。BV 复杂度低，耗时也短，但是得到的客观评价分数与主观评价分数相关度相对较低。不论是 BV 或是 AV，都需要将待测试的两路信号（参考信号和测试信号）从时域变换到音调域（Bark 域）。按照变换方式的不同，PEAQ 算法中有两种模型：基于快速傅里叶变换（FFT）的模型和基于滤波器组（Filter Bank，FB）的模型。BV 情况下，只有基于 FFT 一种模型；AV 情况下，需按两种计算模型进行计算。由于 AV 中的 FB 模型比 BV 中的 FFT 模型复杂度高得多，所以计算时间大大增加。有研究分析，AV 计算时间是 BV 的 10 倍，平均为 30 min。后来又有学者通过仿真实验对这个建议提出了改进意见，ITU－R 根据这些建议在 2001 年给出了对 PEAQ 的改进算法，即 ITU－R BS.1387－1，两者在核心算法上并无本质的不同。

3.4　语音质量评价技术的应用与发展

　　语音处理领域的主观评价作为切实可行的方法被语音工作者广泛应用。例如，在语音编码领域，编码速率、算法、参数选择以及传输信道的影响等都有可能造成输出语音质量的差异，编码人员需要通过评价技术明确这些因素的作用，进而作出相应的改进，有时要比较新旧技术或是不同研究机构的成果就十分需要语音质量的主观评价。对于语音合成应用来说，目前的语音合成系统虽然已有较高的可懂度，但是仍然让人感觉有些机械发音的味道，不太像人发音那么自然。例如韵律不好、音调不正确、元辅音混淆等。只要是合成语音劣于人类发音，合成音质评价就是必要的。从 1994 年开始，我国就定期举行汉语语音合成系统工作性能的全国评测。由此可见，语音质量的主观评价的确是语音技术发展中不可缺少的一项工作。目前对于主观测试性能的方法准则已经形成了一些成文的建议，例如 ITU－T P 系列建议是专门针对电话传输质量的，而且大都由 ITU－T 研究组 XⅡ 进行修订的。此系列建议有很多涉及语音质量评价中的关键技术，常用到的有 ITU－T P.800/P.810/P.830 等，且应用场合较广。另如在移动通信的语音质量测试中，车载测试（Driving Testing，DT）、呼叫质量测试（Call Quality Test，CQT）都需要在通话期间进行 MOS 语音质量测试。由于主观测试是一种非常昂贵并很消耗时间的过程，1998 年以后，ITU－T 针对各种类型的语音传输网络应用提出一系列语音质量客观评价标准，其中分别运用了 3 种被广泛接受的算法：感知语音质量测试（PSQM）、语音质量感知评价（PESQ）以及 E 模型（E－model），典型的网络应用包括 VoIP 系统、PSTN 电话网络、ATM 网络、帧中继和无线网络等。

　　随着多媒体技术的发展，数字压缩音频广泛应用于消费电子、广播影视、互联网和移动多媒体通信领域。但是与数字压缩音频的发展应用相比，数字音频评价方法发展较为缓慢。为保证提供给终端用户的音频质量，研究方便、可靠的数字音频质量评价方法成为国内外研究者共同努力的目标。在目前的技术水平下，主观评价是对音频质量进行测试的最可靠方法。1994 年以来，国际电信联盟（ITU－R）发布了一些关于音频质量主观评价的标准，其中包括针对小损伤音频的双盲三刺激评价方法（BS.1116）和针对中等音频质量的带隐藏参考和锚点的多激励测试方法。音频质量客观评价方法发展较晚，直到 20 世纪 70 年代末，一些针对感知音频质量的客观评价方法才陆续提出。ITU－R BS.1387 标准（PEAQ）是迄今唯一的音频质量客观评价国际标准，但是 PEAQ 还存在一些局限：

（1）在本质上 PEAQ 是一个全参考的音频质量评价方法，需要原始音频作为参考来进行评价，而在大多数情况下，很难获得原始音频，这使 PEAQ 的应用范围大大受限。

②PEAQ 算法的复杂度较高，计算耗费的时间较长，不适合某些对实时性要求较高的场合，并且 PEAQ 在低速率音频评价中表现欠佳。

由于人是语音信号的最终接受者，因此主观评价应是语音质量的真实反映，是最准确也是最容易理解的质量评估方法。但同时它也是一种十分消耗时间、人力、物力的评测方法。比如说组织一次 MOS 测试，就要包括以下一些环节：首先进行实验设计，实验的前期准备（环境设备、实验文档和计划书之类）；然后进行听音人招募和选择，语音材料处理和平衡分组设计，实验设备校准；在正式测听之前还要进行预测听来检验打分趋势，正式实验最后需要进行数据分析及撰写测试报告，每个环节都非常重要。一般 30 人的 MOS 测试仅正式测听部分就至少需要 7 ~ 10 天，复杂一些的比如对话测试就需要更长的时间。由于人的反应具有不可重复性，所以主观评测方法也不具备可重复性。另外，两个语音系统的主观评价结果是不能够直接比较的，除非测试环境和测试条件完全一致，而这在现实中是不可能实现的。实际上，许多主观测试一般是用于成对的待评价条件对比，这样就能确保可以直接比较两个语音系统的主观评价结果。在主观评价过程中，为能建立有意义的统计结果，失真语音的样本数应该足够大，这就使得通过主观测试来决定语音系统的某些具体参数，例如编码器的比特分配、码书大小等变得十分困难，并且由于主观测试仅能够比较出较为明显的参数调整效果，所以这类方法也无法提供影响被评价系统性能的细微因素的信息，不能提供明确的针对被评价系统的修改意见。

相比主观评价方法，客观评价方法由于直接采用机器计算，具有省时省力、方便快捷的优点，而且意义明确，可以及时准确地提供语音系统的参数修改信息。但是需要注意的是，客观评价却不能准确地反映人对语音质量的全部感受，而且当前的客观评价方法都是以语音信号的时域、频域及变换域等的特征参量作为评价依据，不涉及语义、语法、语调等这些影响语音质量主观感受的重要因素，所以客观评价方法缺乏主观评价的高度智能化和人性化。这也是目前客观评价方法的研究关键和发展方向。必须要说明的是，研究客观评价方法的目的不是要用它来完全代替主观评价方法，而是使客观评价方法成为一种既方便又能准确预测出主观评价值的语音质量评估手段。

总而言之，语音质量的主观评价方法和客观评价方法各有优缺点。在实际应用中，对一种语音系统进行质量评估时，应该将这两种方法结合起来使用。一般的原则是：客观评价方法用于系统的设计阶段，以提供参数调整方面的信息，或者对语音系统进行实时监控；主观评价方法用于对语音系统实际听觉效果的检验，提供给用户真实体验的反馈。

随着多媒体和通信网络技术的不断进步以及用户要求的不断提高，提供高质量的声音、图像及视频等多媒体业务成为宽带通信网络发展的方向。因此，语音和音频质量评价方法的研究具有重要的现实意义。大量的研究和试验结果表明，基于输入—输出、听觉模型和判断模型基础上的客观评价方法具有最佳的主观评价相关度。而从实用性角度出发，再进一步优化判断模型并在增强系统鲁棒性的基础上，如何简化系统并降低复杂度，尤其是如何进一步提高基于输出的音质客观评价方法相关度将是研究的重点所在。

从另一个角度出发，尽管提出了多种音质客观评价的方法，但是音质的客观评价方法最终还是要以其与主观评价方法的一致程度来判断其性能的优劣与可靠程度。通常，这个过程需要采用客观评价结果与主观评价结果的拟合来实现。声音的主观评价方法和客观评价方法各有其优缺点，因此在对一种语音系统进行质量评价时，这两种方法应该结合起来应用，主客观评价方法共同辅助来达到音质的最优评价。

由于各种运算、存储器件的迅速发展对高质量语音和音频编码需求的日益增加，近年来，国际上出现了许多实用的高质量语音和音频编码算法。广播系统、视频会议系统、高清晰数字电视以及宽带网络中的语音和音频通信，都希望提供比电话带宽语音有更高保真度的声音。因此，超宽带语音编码、全频带音频以及立体音频编码技术也在近些年取得了巨大进展，这就迫切需求相应的音质评价技术来对先进的语音和音频编码器进行质量评价。在此基础之上，用户对于多媒体信息的需求已经发展为声音和视频（包括图像）的混合形式，所以研究高效及实用的音视频联合评价技术也是很有必要的。

第4章

线性预测分析技术

4.1　线性预测分析基本概念

　　线性预测（Linear Prediction，LP）分析技术是进行语音信号分析中最有效、最流行的技术之一。线性预测分析技术的重要性在于提供了一组简洁的语音信号模型参数，这一组参数较精确地表征了语音信号的频谱幅度，而分析它们所需的运算量与其他方法相比并不大。应用这组模型参数可以降低语音信号编码时的比特率，将线性预测参数形成模板储存，在语音识别中也可以提高识别率和减少计算时间。另外，这种参数还可以用来实现有效的语音合成。因此，线性预测分析技术是语音信号处理的一个强有力的工具和方法。

　　从时域角度考虑，时间离散线性系统的输出样本可以通过其输入样本和过去输出样本的线性组合来近似，即线性预测值。可以通过最小化实际输出值和线性预测值之间的均方误差来确定一组唯一的预测器系数。这些系数是线性组合中使用的加权系数。如式（4-1）由一系列序列 $s(n-k)$ 表示的 $s(n)$ 只是线性回归的一种形式，这种预测也被称为自回归模型。

$$\tilde{s}(n) = \sum_{k=1}^{p} \alpha_k s(n-k) \qquad (4-1)$$

　　如图4-1所示，输入信号 $s(n)$ 被预测残差滤波器 $A(z)$ 滤波后，会产生预测误差 $e(n)$。线性预测器 $H(z)$ 用于通过线性预测分析来估计输入信号。

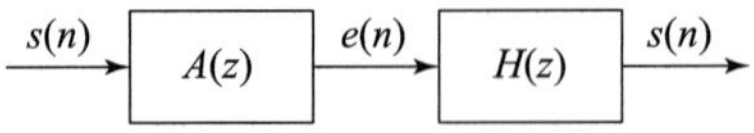

图4-1　输入信号的线性预测分析过程

图中，$e(n)$ 和 $A(z)$ 的表达式如式（4-2）、式（4-3）：

$$e(n) = s(n) - \tilde{s}(n) = s(n) - \sum_{k=1}^{p} \alpha_k s(n-k) \qquad (4-2)$$

$$A(z) = 1 - \sum_{k=1}^{p} \alpha_k z^{-k} \qquad (4-3)$$

式中，α_k 为滤波器参数或线性预测参数。

　　语音信号序列是一个随机序列，它也可以用语音信号产生模型来进行分析。图4-2为基于信号模型化思想的语音信号产生框图。图4-2显示了一个生成浊音或清音语音的简单系统，该系统由浊音语音的脉冲序列或清音语音的随机噪声序列激发，时变数字滤波器表示声门脉冲形状、声道和嘴唇辐射的影响。有 3 种零极点模型是研究时间序列的重要方法：自回归模型（Auto Regression，AR）、滑动平均模型（Moving Average，MA）、AR 和 MA 的混合模型（Auto Regression – Moving Average，AR – MA）。这 3 种模型可用于平稳随机过程的谱估计。迄今为止，最常用的模型是自回归模型，它也是一种全极点模型。对于语音信号，信道传递函数可以描述为全极点函数（AR 模型），有几个原因：①这是计算全极点模型的最简单方法；②在大多数情况下，不可能知道模型的输入；③对于语音信号，当不考虑鼻音和部分摩擦音时，声道的传输函数是全极点函数。全极点模型是非鼻音浊音语音的一种自然表示，但也适用于鼻音和清音。

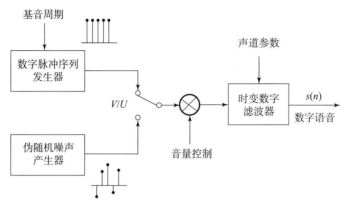

图 4 – 2　基于信号模型化思想的语音信号产生框图

可以使用 z 变换将声道传递函数 $H(z)$ 转换为时域表达式 $s(n)$。如果忽略输入 $Gu(n)$，则 $s(n)$ 仅由过去的样本近似，这称为线性预测。

$$H(z) = \frac{S(z)}{U(z)} = \frac{G}{1 - \sum\limits_{k=1}^{p} a_k z^{-k}} \qquad (4-4)$$

$$s(n) = \sum\limits_{k=1}^{p} a_k s(n-k) + Gu(n) \qquad (4-5)$$

我们希望线性预测系数的选择非常好，能够代表语音产生模型，即 $\alpha_k = a_k$，并且 $e(z) = G \cdot U(z)$，从而使语音分析和合成过程更加完善。此时，$A(z)$ 是 $H(z)$ 的逆滤波器，用于在语音编码器中去除共振峰。语音解码器的目的是基于激励和时变数字滤波器 $H(z)$ 产生语音信号。

$$H(z) = \frac{1}{A(z)} \qquad (4-6)$$

线性预测分析技术通过估计共振峰从语音信号中去除它们的影响，并估计剩余残留的嗡嗡声的强度和频率来分析语音信号。去除共振峰的过程称为逆滤波，减去滤波后的剩余信号称为残差（residual）。线性预测分析技术端假设语音信号时是由声管末端的蜂鸣器开始产生激励。声道（从喉咙到嘴巴）形成管道，其特征是共振，并产生共振峰。描述共振峰和残余信号的参数值可以进行存储或传输。线性预测分析技术在合成端通过相反的过程合成语音信号：使用残差参数创建激励（excitation）信号（表示声源），使用共振峰创建滤波器（表示声道），并通过声源—滤波器的操作过程，从而生成语音。因为语音信号随时间变化，所以这个过程是在语音信号的短时间隔上完成的。

线性预测分析技术已广泛应用于语音编码、语音合成、语音识别、说话人识别和以及语音存储等。线性预测分析技术提供了非常准确的语音参数估计。线性预测分析的基本思想是：当前语音样本可以近似为过去样本的线性组合。从数学的角度来看，线性预测分析是一种简单的一阶外推形式，它可以减少对表示语音的一系列值进行近似编码所需的数据量，在语音编码中通常又称为线性预测编码（Linear Predictive Coding，LPC）。从语音产生模型的角度来看，线性预测分析也是基于语音生成模型。语音可以建模为线性时变系统的输出，由准周期脉冲或噪声激励。假设模型参数在语音分析间隔内保持恒定。线性预测分析技术提供了一种稳健、可靠和精确的方法，用于估计线性系统的参数，如组合声道、浊音语音的声门脉冲和辐射特性。

总结一下线性预测分析技术基本流程：在分析部分，语音信号由预测误差滤波器（逆滤波器 $A(z)$）处理并输出预测误差（残差）；在合成部分，误差信号（激励）通过全极点模型（LP 滤波器 $H(z)$）并恢复语音信号。线性预测参数可以使用均方误差（Mean Square Error，MSE）最小准则计算。

4.2　线性预测参数的估计

线性预测分析技术在语音信号处理中发挥着重要的作用，在语音识别、合成、编码等方面都得到了很好的应用。线性预测法基于全极点模型假设，采用时域均方误差最小准则来估计模型参数，所得到的线性预测参数能够反映声道的共振峰特性；语音产生模型的声道响应可以由线性预测参数得到，其反映了语音信号的谱包络。由线性预测参数可以推演出其他的参数，如反射系数、对数面积比参数、线谱频率参数、倒谱参数等。这些参数有不同的物理意义和特性，在不同的场合发挥作用，可以说线性预测分析及其推演参数是语音信号处理中非常重要的特征参数。下面简单介绍线性预测分析的数学原理和预测参数的求取。

在随机信号谱分析中，常把一个时间序列模型化为白噪声序列通过一个数字滤波器 $H(z)$ 输出。一般情况下，$H(z)$ 可写成有理分式的形式，即

$$H(z) = G \frac{1 + \sum\limits_{l=1}^{q} b_l z^{-l}}{1 - \sum\limits_{i=1}^{p} a_i z^{-i}} \qquad (4-7)$$

式中，系数 a_i、b_l 以及增益因子 G 为模型参数，因而信号可以用有限数目的参数构成的信号模型来表示，如图 4-3 所示。

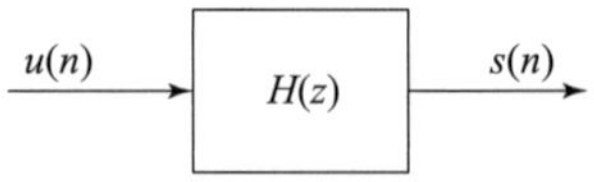

图 4-3　信号 $s(n)$ 的模型化

从时间域上看，信号模型的输出与输入满足下面的差分方程式：

$$s(n) = \sum_{i=1}^{p} a_i s(n-i) + G \sum_{l=1}^{q} b_l u(n-l) + Gu(n) \qquad (4-8)$$

上式表明，$s(n)$ 可以模型化为它的 p 个过去值 $s(n-i)$ 和输入 $u(n)$ 及其 q 个过去值 $u(n-l)$ 的线性组合；从物理意义上来讲，$s(n)$ 可由其过去值及输入信号值的线性组合来预测得到，所以信号模型化与线性预测有内在的联系。

按数字滤波器 $H(z)$ 的有理式的不同，可有以下 3 种信号模型。

（1）自回归信号模型（简称 AR 模型），此时 $H(z)$ 是只含递归结构的全极点模型，即式（4-7）中 $b_l = 0$（$l = 1 \sim q$）。由它产生的序列称为 AR 过程序列。

（2）滑动平均模型（简称 MA 模型），此时 $H(z)$ 是只有非递归结构的全零点模型，即式（4-7）中 $a_i = 0$（$i = 1 \sim p$）。由它产生的序列称为 MA 过程序列。

（3）自回归滑动平均模型（简称 ARMA 模型），此时 $H(z)$ 既含有极点又包含零点，即式（4-7）中所给出的一般情况。它是上述两种模型的混合结构，相应产生的序列称为 ARMA 过程序列。

从理论上讲，ARMA 模型和 MA 模型可以用无限阶的 AR 模型来表达。AR 模型作参数估计时遇到的是线性方程组求解的问题，相对来说容易处理，而且在实际语音信号中，全极点模型又占了多数，因此经常使用的是 AR 模型。

信号模型化过程实际上要解决的是模型参数估计问题，因为信号是客观存在的，用一个有限数目的参数的模型来估计它总是有误差的；或者说，由 p 个极点和 q 个零点来表征模型是否太多或者太少是不能准确地预先选定的，更何况信号常是时变的。因此，求解模型参数 a_i、b_l 及 G 的过程通常是一个逼近的过程。逼近的方法是：先假定 p 和 q 的值，然后将 $u(n)$ 送入该系统，得到的输出将是 $\hat{s}(n)$，而不是 $s(n)$；不过可以采用某种逼近准则，使 $\hat{s}(n)$ 逼近 $s(n)$。然而，按这种直接逼近的方法将遇到难以解决的一组非线性方程的求解问题，所以实际上常用逆逼近法，就是下面将要介绍的线性预测误差滤波的方法。

信号模型的逼近过程本质上是一个线性预测误差滤波问题。线性预测误差滤波是一种特殊的数字滤波，它的传递函数 $A(z)$ 由下式确定：

$$A(z) = 1 - \sum_{i=1}^{p} a_i z^{-i} \qquad (4-9)$$

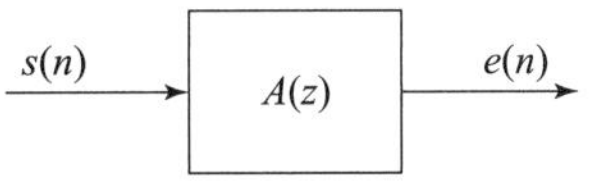

图 4-4 为线性预测误差滤波（逆滤波器），它的输出 $e(n)$ 与输入 $s(n)$ 满足式（4-10）的关系：

图 4-4　线性预测误差滤波（逆滤波器）

$$e(n) = s(n) - \hat{s}(n) = s(n) - \sum_{i=1}^{p} a_i s(n-i) \qquad (4-10)$$

在式（4-10）中，$\hat{s}(n) = \sum_{i=1} a_i s(n-i)$ 称作 $s(n)$ 的预测值或估计值，因为 $\hat{s}(n)$ 由一组过去的样本值 $s(n-1), s(n-2), \cdots, s(n-p)$ 线性组合而得，它可看成从 $s(n)$ 过去的样本值来预测或估计当前值 $s(n)$ 的结果，故又称为线性预测值。a_i 则称为线性预测系数。输出 $e(n)$ 是真值 $s(n)$ 与线性预测值 $\hat{s}(n)$ 之差，故称为线性预测误差。设计一个预测误差滤波器，就是求解预测系数 a_i，使得预测误差 $e(n)$ 在某个预定的准则下最小，这个过程称为线性预测分析。理论上常用的是均方误差最小准则，即使预测误差 $e(n)$ 的平方的数学期望或平均值 $E[e^2(n)]$ 最小。$E[\cdot]$ 表示对误差的平方求数学期望或平均值。下面简单讨论如何在这一准则下求解预测系数 a_i。为了得到使 $E[e^2(n)]$ 最小的 a_i，可将 $E[e^2(n)]$ 对各个系数求偏导，并令其结果为 0，则有

$$\frac{\partial E[e^2(n)]}{\partial a_j} = 0, \quad 1 \leqslant j \leqslant p \qquad (4-11)$$

即

$$\frac{\partial E[e^2(n)]}{\partial a_j} = -2E[e(n)s(n-j)] = 0 \qquad (4-12)$$

将 $e(n)$ 按式（4-10）代入可得

$$E\left[s(n)s(n-j) - \sum_{i=1}^{p} a_j s(n-i)s(n-j)\right] = r(j) - \sum_{i=1}^{p} a_i r(j-i) = 0, 1 \leqslant j \leqslant p$$

$$(4-13)$$

假设短时加窗语音帧 $s(n)$ 是从 0 值开始和从 0 值结束的一帧（使用渐缩的窗函数避免边界不连续），也就是 $r(j) = E[s(n)s(n-j)]$ 是 $s(n)$ 的自相关序列。为了公式推导简洁，这里定义的 $r(j)$ 和一般自相关序列相差一个负号，因为 $r(j)$ 具有偶对称性，故两种定义是一致的。上式可写成矩阵形式，设

$$\boldsymbol{A}_p = \begin{bmatrix} a_1 \\ a_2 \\ \vdots \\ a_p \end{bmatrix}, \boldsymbol{R}_p = \begin{bmatrix} r(0) & r(1) & \cdots & r(p-1) \\ r(1) & r(0) & \cdots & r(p-2) \\ \vdots & \vdots & \ddots & \vdots \\ r(p-1) & r(p-2) & \cdots & r(0) \end{bmatrix}, \boldsymbol{r}_p^a = \begin{bmatrix} r(1) \\ r(2) \\ \vdots \\ r(p) \end{bmatrix} \quad (4-14)$$

那么，式（4-13）的矩阵形式为

$$\boldsymbol{r}_p^a - \boldsymbol{R}_p \boldsymbol{A}_p = 0, \text{ 或者 } \boldsymbol{A}_p = \boldsymbol{R}_p^{-1} \boldsymbol{r}_p^a \quad (4-15)$$

式中，$\boldsymbol{R}_p^{-1}$ 是 p 阶自相关阵 $\boldsymbol{R}_p$ 的逆矩阵。式（4-14）中的 $\boldsymbol{R}_p$ 是一个 p 阶托普利兹矩阵，由于该矩阵所有元素沿对角线对称，所以 p 个预测系数 a_i 可通过很多高效的方法求解方程式得到（如莱文森—德宾递归算法）。由此求得的 a_i 将使得预测误差滤波器的输出均方值或者输出功率最小。令这一最小均方误差为正向预测误差功率 E_p，即

$$E_p = E[e^2(n)]_{\min} = E\left[e(n)\left\{s(n) - \sum_{i=1}^{p} a_i s(n-i)\right\}\right] \quad (4-16)$$

因为由式（4-12）有

$$E[e(n)s(n-j)] = 0, 1 \leqslant j \leqslant p \quad (4-17)$$

所以

$$E_p = r(0) - \sum_{i=1}^{p} a_i r(i) \quad (4-18)$$

组合式（4-15）和式（4-18）可得

$$\begin{bmatrix} r(0) & r(1) & \cdots & r(p) \\ r(1) & r(0) & \cdots & r(p-1) \\ r(2) & r(1) & \cdots & r(p-2) \\ \vdots & \vdots & \ddots & \vdots \\ r(p) & r(p-1) & \cdots & r(0) \end{bmatrix} \begin{bmatrix} 1 \\ -a_1 \\ -a_2 \\ \vdots \\ -a_p \end{bmatrix} = \begin{bmatrix} E_p \\ 0 \\ 0 \\ \vdots \\ 0 \end{bmatrix} \quad (4-19)$$

或简写成矩阵形式，即

$$\boldsymbol{R}_{p+1} = \begin{bmatrix} 1 \\ -\boldsymbol{A}_p \end{bmatrix} = \begin{bmatrix} E_p \\ 0 \end{bmatrix} \quad (4-20)$$

针对平稳信号的线性预测误差滤波器矩阵求解方程式（4-19）或者方程式（4-20）就可以得到线性预测参数。

这里需要注意的是，如果将短时加窗语音帧 $s(n)$ 从正常的一帧起点向外扩展 p 个样点（比如该帧之前的一些样点），那么对于式（4-13）在计算 $r(j)$ 时将会得到一种协方差运算

形式，而并非自相关序列，最终需要求解的式（4-15）中的 $\boldsymbol{R}_p$ 是一种协方差矩阵，而并非托普利兹矩阵，此时需要用不同的方法来求解方程，得到的预测系数也将有所不同。

一个重要的特殊情况是信号 $s(n)$ 恰为一个 p 阶的 AR 过程序列，即设信号模型为

$$H(z) = \frac{G}{1 - \sum_{i=1}^{p} a_i z^{-i}} \tag{4-21}$$

式中，G 为增益常数。$s(n)$ 是以零均值、单位方差的白噪声序列 $u(n)$ 去激励 $H(z)$ 的输出，则有

$$s(n) = \sum_{i=1}^{p} a_i s(n-i) + Gu(n) \tag{4-22}$$

或满足

$$Gu(n) = s(n) - \sum_{i=1}^{p} a_i s(n-i) \tag{4-23}$$

可对上式再进行推导，先将式（4-17）两边乘以 $s(n-i), 1 \leq j \leq p$，再求均值后

$$G \cdot E[u(n)s(n-j)] = E\left[\left\{s(n) - \sum_{i=1}^{p} a_i s(n-i)\right\}s(n-j)\right] \tag{4-24}$$

由于输入 $u(n)$ 和 $s(n-j)$ 不相关，$E[u(n)s(n-j)] = 0$，得

$$r(j) - \sum_{i=1}^{p} a_i r(j-i) = 0, \quad 1 \leq j \leq p \tag{4-25}$$

再对式（4-23）两边乘以 $s(n)$ 求均值，等式左边为

$$E[Gu(n)s(n)] = E\left[Gu(n)\left\{Gu(n) + \sum_{i=1}^{p} a_i s(n-i)\right\}\right] = G^2 \tag{4-26}$$

等式右边为

$$E\left[\left\{s(n) - \sum_{i=1}^{p} a_i s(n-i)\right\}s(n)\right] = r(0) - \sum_{i=1}^{p} a_i r(i) \tag{4-27}$$

故得

$$G^2 = r(0) - \sum_{i=1}^{p} a_i r(i) \tag{4-28}$$

比较式（4-25）、式（4-26）和式（4-13）、式（4-18），我们发现，预测系数和信号模型参数满足相同的方程组，增益常数 G 的平方等于正向预测误差功率 E_p，由此可得出下面结论：对于模型阶数已知为 p 的 AR 过程序列，当按均方误差最小准则设计线性预测误差滤波器时，所得预测系数 a_i 和该 AR 模型相应的参数有相同的值；当阶数 p 未知，或者过程模型包括非递归部分时，可以认为线性预测分析提供了该过程信号模型参数的一个估计。因为信号模型参数给出了信号功率谱的估计，所以线性预测分析也是估计随机信号功率谱的一种有效办法。

事实上，比较图 4-3 和图 4-4 可以看到，线性预测误差滤波相当于一个逆滤波过程或逆逼近过程。当调整滤波器 $A(z)$ 的参数使输出 $e(n)$ 逼近一个白噪声序列 $u(n)$ 时，$A(z)$ 和 $1/H(z)$ 是等效的，而按最小均方误差准则调整滤波器参数时，正是使输出 $e(n)$ 白化的过程。根据式（4-12），假设 p 可取任意大，因为 $e(n)$ 只是 $s(n)$ 及其过去样本值的线性组合，所以不难推出：

$$E[e(n)e(n-j)] = 0, \quad j \geqslant 1 \tag{4-29}$$

即预测误差序列确为一白噪声序列。

最后需要指出的是，当预测系数个数 p 是有限整数时，$A(z)$ 为 FIR 型，只有零点。按上面的分析，它和信号模型中的 AR 过程对应；若 p 值为无穷大时，则预测滤波器 $A(z)$ 具有如下形式：

$$A(z) = \frac{1 - \sum\limits_{i=1}^{\infty} a_i z^{-i}}{1 + \sum\limits_{l=1}^{L} b_l z^{-l}} \tag{4-30}$$

这种情况相应于信号模型中的 ARMA 过程。

基于线性预测原理的语音识别、语音合成、语音编码和说话人识别的大量实践证明：线性预测参数是语音信号特征表示的良好参数。要使模型的假定较好地符合语音产生模型，主要有两个因素需要考虑：①模型的阶数 p 要与共振峰个数相吻合；②声门脉冲形状和口唇辐射影响的补偿。通常一对极点对应一个共振峰，10 kHz 采样的语音信号，通常有 5 个共振峰，取 $p = 10$；对于 8 kHz 采样的语音信号通常取 $p = 8$。另外，为了弥补鼻音中存在的零点以及其他因素引起的误差，通常在上述阶数的基础上再增加两个极点，即分别取 $p = 12$ 和 $p = 10$。关于声门脉冲形状和口唇辐射的影响，其总的趋势是使语音信号的频谱产生高频衰落现象，相当于每倍程下降 6 dB。要抵消这种影响，通常在进行线性预测分析之前采用一个非常简单的一阶 FIR 滤波器 $1 - \alpha z^{-1}$ 进行预加重，即进行高频提升，对于 10 kHz 采样的语音，预加重系数，$\alpha = 0.95$。

对于考虑了上述两个因素的线性预测分析，其预测残差序列近似为白噪声，并且残差能量也相当小，这表明由某一短时信号所得到的线性预测系数能较好地描述产生这一语音段的声道特性。由于线性预测分析技术也可理解为是一种基于全极点模型假定和均方预测误差最小准则下的波形逼近技术，因此，它也可以假定不依赖语音产生模型，应用于语音波形编码、图像编码等方面，预测阶数可随意选择。

在语音信号产生模型中，数字滤波器 $H(z)$ 的参数 a_i 是在前面定义的线性预测系数，因此求解滤波器参数和增益常数 G 的过程称为语音信号线性预测分析，因为它的基本问题就是要从语音信号序列直接决定一组线性预测系数 a_i。鉴于语音信号的时变特性，预测系数的估计值必须在一短段语音信号中进行，即通常说的按帧进行。

语音信号线性预测分析的基本途径是采用以上讨论的线性预测误差滤波方法，即求解一组预测器系数，使得在一短段语音信号序列中均方预测误差最小，并把求得的参数作为语音产生模型中滤波器 $H(z)$ 的参数。这里有一点需要指出，就是关于模型中激励源的问题。从以上讨论可知，当一个语音信号序列确实是由图 4-2 所示的信号模型产生，并且激励是具有平坦谱包络特性的白噪声时（相当于清音语音场合），那么，应用线性预测误差滤波方法可以很容易求得预测系数 a_i 和增益常数 G，并且 $H(z)$ 和所分析的语音序列具有相同的谱包络特性。换言之，用图 4-2 所示的模型进行语音合成时，产生的语音序列和被分析的语音序列有相同的谱包络特性。从发声机理上说，这时 $H(z)$ 反映了声道的特性。但在浊音语音的场合，激励源是一间隔为基音周期的冲激串，它的谱是一组幅度相同的谐波线谱，这与模型化中信号源的假设有所不同。但考虑到这样一个事实：$u(n)$ 是由一串冲激组成，这意味着大部分时间里 $u(n)$ 的值非常小（零值）。由于采用均方预测误差最小准则来使预测误差

$e(n)$ 逼近于 $u(n)$，这与 $u(n)$ 能量很小这一事实并不矛盾。因此，为了不使问题复杂化可以认为，无论是清音还是浊音，图 4-2 所示的模型都是适合于线性预测分析的；然而从发声机理来说，在浊音情况下，$H(z)$ 却反映了声门波和声道两部分频谱的复合影响。归纳起来，使用图 4-2 所示的模型进行语音信号线性预测分析的主要缺点有以下两点：

（1）根据语音信号的产生机理，很多语音特别是清音和鼻音的场合，声道响应都含有零点的影响，因此，理论上应该采用极零点模型，而不是简单的全极点模型。

（2）图 4-2 所示的模型中，合成浊音语音时激励源是一组冲激序列，而线性预测分析求解滤波器参数时却仍沿用白噪声源假设，这一分析与合成过程中的不一致性，也是它的一个主要缺陷。

针对这些问题，不少学者进行了相关研究，以期克服这些弊病。全极点模型的线性预测分析尽管有上述的缺点，然而，它能通过求解线性方程组获得相应的线性预测系数，从而相当准确地估计出基本的语音参数，例如频谱、共振峰等。此外，它可用于实现低码率的语音传输或语音存储，因此语音信号的线性预测分析技术仍是一种最常用的语音分析方法。

4.3　基于线性预测的频谱分析

线性预测分析被认为是一种去除激励精细结构的短时谱估计方法，类似宽带谱分析的一种形式。如式（4-31）定义的线性预测频谱（LP 频谱）可以由全极点传递函数得到，并描述傅里叶变换后频谱的包络。

$$H(e^{j\omega}) = \frac{G}{1 - \sum_{k=1}^{p} \alpha_k e^{-j\omega k}} \qquad (4-31)$$

图 4-5 显示了浊音语音段的傅里叶变换和不同阶次的 LP 谱。可以看到预测阶数 p 越高，线性预测频谱中的谐波结构越清晰。语音段短时傅里叶变换的频谱包络与阶次 p 不大时的 LP 频谱相似。

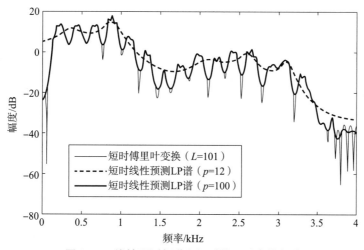

图 4-5　线性预测频谱和短时傅里叶变换频谱

LP 谱可以近似地表示语音产生的系统功能，当 p 不太大时（足够表示声道传输响应即可），声道模型谱代表语音信号谱中缓慢变化或平滑的部分，从中可以确定共振峰。如果预测阶数 p 足够大，则全极点模型的频率响应可以用很小的误差逼近信号频谱。

$$\lim_{p \to \infty} |H(e^{j\omega})|^2 = |S(e^{j\omega})|^2 \qquad (4-32)$$

LP 分析中的 p 越大，全极点模型中的极点越多，频谱包络越细，但频谱谷的拟合不令人满意。随着 p 的增加，频谱中谱的更多细节被保留。如果选择一个非常大的 p 值，则 LP 频谱将与单谐波一致，这样，LPC 滤波器开始对声源建模，但会导致在语音分析中声源和滤波器分离不良。因此，需要选择一个合适 p 值来表示声门脉冲、声道和辐射的频谱效应。

LPC 的预测误差信号在语音编码中称为残差信号。清音语音的残余信号类似白噪声。当使用白噪声代替残余信号通过 LPC 滤波器时，听感上没有明显差异。对于浊音语音信号，残差信号仍然具有基音周期。全极点模型的假设并不完全完美，因此尽管残差包含峰值，但它仍然与脉冲序列非常不同。在实际应用中，如果使用脉冲序列来替换残差并通过 LPC 滤波器，则会导致生成的语音听起来像机器人。这是因为实际的语音信号中并没有完美的周期，它还包含一些随机分量。另一个原因是 LPC 滤波器不能建模零极点。语音的残差信号有利于基音检测，可以基于残差序列进行自相关运算来检测最大峰值。由于残差谱近似平坦，因此共振峰对基音检测的影响更小。LP 阶次 p 影响预测误差的大小，p 值越大，预测误差越小。清音语音的归一化预测误差大于浊音语音，因为 AR 模型对清音信号的精度不太高。在 8 kHz 采样率下，预测误差在 $p = 12 \sim 14$ 时变得平坦。对于采样率较高的宽带语音，p 值可能更高。

人们通常对识别独立于声带运动的声带共振感兴趣。在使用傅里叶变换或带通滤波器获得的频谱中，很难确定这些共振。线性预测方法在分析过程中直接考虑共振，因此能够提供具有与共振对应的明确峰值的平滑频谱。很明显，声带引入频谱中的谐波结构使识别声带共振非常困难。

4.4 线性预测等效参数

语音编解码中经常使用线性预测分析并传输用线性预测系数表示的频谱包络信息，因此这些系数必须容忍传输误差。科研人员不希望直接传输滤波器系数，因为它们对误差非常敏感。换言之，一个很小的误差会扭曲整个频谱，甚至更糟。小的误差可能使预测滤波器不稳定。线性预测参数对编码中的量化误差和插值误差等很小的变化十分敏感，并且 LPC 滤波器 $H(z)$ 不容易稳定。线性预测系数有许多替代表示，如对数面积比（Log Area Ratio，LAR）、线谱对（Line Spectral Pair，LSP）和反射系数（Reflection Coefficients，RC）。尤其是 LSP 参数在编解码器中得到了广泛的应用，因为它确保了预测器的稳定性，并且对于较小的系数偏差、频谱误差是局部的。

在级联声管模型中，声通道被模拟为一系列具有不同长度和横截面积的无损声管级联。反射系数表示在每个声管段的边界处声波的反射量。反射系数（PARCORs）也称为部分相关系数。反射系数和 LP 系数之间存在递归关系。假设 LP 系数为 α_j，然后可以通过 Levinson - Durbin 算法递归反向操作，以获得 PARCORs 参数 k_i。

$$\alpha_j^p = \alpha_j, j = 1, 2, \cdots, p$$

$$k_p = \alpha_p^p$$

$$\text{for } i = p, p-1, \cdots, 2$$

$$\quad \text{for } j = 1, 2, \cdots, i-1$$

$$\alpha_j^{i-1} = \frac{\alpha_j^i + k_i \alpha_{i-j}^i}{1 - k_i^2}$$

$$\quad \text{end}$$

$$k_{i-1} = \alpha_{i-1}^{i-1}$$

$$\text{end}$$

相反，可以从 PARCORs 参数获得预测系数。假设 PARCORs 参数 k_i 是给定的，可以跳过莱文森—德宾递归算法中 k_i 的计算，以获得 LP 系数 α_j：

$$\text{for } i = 1, 2, \cdots, p$$

$$\alpha_i^i = k_i$$

$$\text{if } i > 1, \text{then for } j = 1, 2, \cdots, i-1$$

$$\alpha_j^i = \alpha_j^{i-1} - k_i \alpha_{i-j}^{i-1}$$

$$\text{end}$$

$$\text{end}$$

$$\alpha_j = \alpha_j^p, j = 1, 2, \cdots, p$$

线谱对参数（LSP）也称线谱频率参数（Line Spectrum Frequency，LSF），是线性预测系数的另外一种重要的等价表示。由于该参数具有良好的插值特性并且易于量化，从而得到广泛应用，尤其是在语音合成和压缩领域。线性预测参数是时域参数，线谱频率参数是频域参数，后者和语音的谱包络关系更为密切。

线谱对参数分析的基础仍然是全极点模型，可以通过取式（4 - 33）中预测多项式 $A(z)$ 的根来估计共振峰值，即

$$A(z) = 1 - \sum_{k=1}^{p} \alpha_k z^{-k} = \prod_{k=1}^{p} (1 - z_k z^{-1}) \tag{4-33}$$

令 $A(z) = A^p(z)$，当 $i = p + 1$，$k_i = -1$ 和 $k_i = 1$，分别构建两个多项式：

$$\begin{cases} P(z) = A^{(p+1)}(z) = A(z) + z^{-(p+1)} A(z^{-1}) \\ Q(z) = A^{(p+1)}(z) = A(z) - z^{-(p+1)} A(z^{-1}) \end{cases} \tag{4-34}$$

将 $z = e^{jw}$ 代入得到

$$\begin{cases} P(e^{jw}) = |A(e^{jw})| e^{j\varphi(w)} (1 + e^{-j(w(p+1)+2\varphi(w))}) \\ Q(e^{jw}) = |A(e^{jw})| e^{j\varphi(w)} (1 - e^{-j(w(p+1)+2\varphi(w))}) \end{cases} \tag{4-35}$$

再令 $\psi = w(p+1) + 2\varphi(w)$，公式进一步简化为

$$\begin{cases} P(e^{jw}) = |A(e^{jw})| e^{j\varphi(w)} (1 + e^{-j\psi}) \\ Q(e^{jw}) = |A(e^{jw})| e^{j\varphi(w)} (1 - e^{j\psi}) \end{cases} \tag{4-36}$$

对于 $P(e^{jw})$，当 $\psi = k\pi(k = 1, 3, 5, \cdots, L)$，$P(e^{jw}) = 0$；对于 $Q(e^{jw})$，当 $\psi = k\pi(k = 0, 2, 4, \cdots, L)$ 时，$Q(e^{jw}) = 0$；又由

$$\begin{cases} A(z) = 1 - \sum_{k=1}^{p} a_k z^{-k} = 1 - a_1 z^{-1} - a_2 z^{-2} - \cdots - a_p z^{-p} \\ z^{-(p+1)} A(z^{-1}) = z^{-(p+1)} - a_1 z^{-p} - a_2 z^{-(p-1)} - \cdots - a_p z^{-1} \end{cases} \quad (4-37)$$

因此，$P(z)$ 是实对称系数 $p+1$ 的价多项式，是 $Q(z)$ 是反对称系数 $p+1$ 阶多项式，有

$$\begin{cases} P(z)|_{z=1} = 0 \\ Q(z)|_{z=1} = 0 \end{cases} \quad (4-38)$$

由于 $P(z)$ 和 $Q(z)$ 的零点在单位圆上，由这些零点构成的基本因式为

$$(1 - z^{-1} e^{jw_i})(1 - z^{-1} e^{-jw_i}) = 1 - 2\cos w_i z^{-1} + z^{-2} \quad (4-39)$$

设 $P(z)$ 的零点为 $e^{\pm jw_1}$，$Q(z)$ 的零点为 $e^{\pm j\theta_1}$：

$$\begin{cases} P(z) = (1 + z^{-1}) \prod_{i=1}^{p/2} (1 - 2\cos w_i z^{-1} + z^{-2}) \\ Q(z) = (1 - z^{-1}) \prod_{i=1}^{p/2} (1 - 2\cos w_i z^{-1} + z^{-2}) \end{cases} \quad (4-40)$$

$P(z)$ 与 $Q(z)$ 的零点有如下关系：$0 < w_1 < \theta_1 < w_2 < \theta_2 < \cdots < w_{p/2} < \theta_{p/2} < \pi$。

由于 w_i、θ_i 成对出现，故称为线谱对。可以证明，$P(z)$ 与 $Q(z)$ 的零点相互分离交替出现正是保证合成滤波器 $H(z)$ 稳定的充要条件。

线谱对参数和语音的谱特性之间关系密切，按线性预测分析原理，语音信号的谱特性可以用 LPC 模型来估计，从 LPC 功率谱看

$$|H(e^{jw})|^2 = \left[\frac{2}{P(e^{jw}) + Q(e^{jw})} \right]^2 \quad (4-41)$$

$P(z)$ 有一个 $z = -1$ 的零点，其余的零点为

$$\frac{P(z)}{1 + z^{-1}} = \prod_{i=1}^{p/2} (1 - 2\cos w_i z^{-1} + z^{-2}) = (2z^{-1})^{p/2} \prod_{i=1}^{p/2} \left(\frac{z + z^{-1}}{2} - \cos w_i \right) \quad (4-42)$$

又有

$$\frac{z + z^{-1}}{2} \Big|_{z=e^{jw}} = \frac{e^{jw} + e^{-jw}}{2} = \cos w \quad (4-43)$$

得到

$$\frac{P(e^{jw})}{1 + e^{-jw}} = (2e^{-jw})^{p/2} \prod_{i=1}^{p/2} (\cos w - \cos w_i) \quad (4-44)$$

同理可得

$$\frac{Q(e^{jw})}{1 + e^{-jw}} = (2e^{-jw})^{p/2} \prod_{i=1}^{p/2} (\cos w - \cos w_i) \quad (4-45)$$

当 $w \to w_i$ 或 $w \to \theta_i$ 时，$P(e^{jw}) \to 0$ 或 $Q(e^{jw}) \to 0$，这时 LPC 功率谱 $|H(e^{jw})|^2$ 会趋于很大的值，显示强的谐振特性。实际上，线谱对参数分析就是用 p 个离散的频率 w_i 和 θ_i 的分布来表示语音信号频谱特性的一种方法。

语音分析的目标是通过少量缓慢变化的参数来表示语音，这些参数反映了声道形状和声带运动的变换特性。线性预测理论根据每 10 ms 或 20 ms 指定一次的几个（可以低至 12 个）参数提供了语音的精确表示。语音编码系统在通信信道上以低比特率传输数字语音信号。线

性预测理论允许准确地确定信号中可预测的信息，并在信道传输之前从语音信号中移除该信息。基于线性预测的语音编解码器的一种典型方案如图 4-6 所示。在编码器处，输入语音被逐帧处理，并首先通过预处理模块；然后，进行基音检测器和 LPC 分析，以获得基音周期、LPC 参数和残差参数，所有这些参数都被编码和量化为用于传输的比特流。在解码器处，在解码和去量化之后，可以获得激励信号和线性预测参数以继续 LPC 合成过程。经过后处理模块，可以得到重新生成的输出语音。

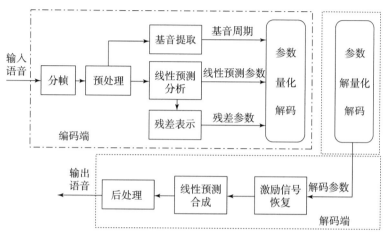

图 4-6　基于线性预测的语音编解码器的一种典型方案

第 5 章

同态分析技术

本章将介绍同态分析（Homomorphic Analysis，HA）的知识，反卷积的问题是什么？什么是同态系统？如何使用同态滤波器进行语音信号分析？还将通过同态变换了解倒谱的概念。

5.1 同态系统

首先，简要回顾语音产生的通用离散时间模型。短时语音段可以建模为通过准周期脉冲序列或随机噪声信号激励线性时间不变（Linear Time Invariant，LTI）系统进行生成。可以从第 2 章的语音产生模型中知道，浊音语音序列 $p_V(n)$ 可以由输入脉冲序列 $p(n)$ 和脉冲响应 $h_V(n)$ 的卷积生成，清音信号 $p_U(n)$ 可以由类似随机噪声的输入序列 $u(n)$ 和脉冲响应 $h_U(n)$ 的卷积生成。其中，声门脉冲模型 $G(z)$ 的传递函数是 $g(n)$，声道模型 $V(z)$ 的传递函数是 $v(n)$，口唇辐射模型 $R(z)$ 的传递函数是 $r(n)$。乘系数 A_V 和 A_U 分别是浊音和清音的能量调整因子，可表示为

$$p_V(n) = p(n) * h_V(n) \tag{5-1}$$

$$h_V(n) = A_V \cdot g(n) * v(n) * r(n) \tag{5-2}$$

$$p_U(n) = u(n) * h_U(n) \tag{5-3}$$

$$h_U(n) = A_U \cdot v(n) * r(n) \tag{5-4}$$

语音分析的目的是估计语音模型的参数，从而测量其随时间的变化情况。语音可以看作是激励和系统响应的卷积。如何将语音分解为激励和系统响应呢？有两种反卷积（deconvolution）的方法：一种方法是建立线性系统的模型，并用模型参数表示系统。这种方法称为参数反卷积，线性预测分析属于这种方法。另一种方法是非参数反卷积，可以不用线性系统模型而使用同态滤波方法来实现。同态滤波是一种服从广义叠加原理的非线性滤波，可以分离非加性组合信号（例如乘法或卷积组合）。

在数学中，反卷积是一种基于算法的处理过程，用于逆转卷积对记录数据的影响。反卷积的概念广泛应用于语音信号处理和图像处理技术中。例如，$x(n)$ 是信号 $x_1(n)$ 和 $x_2(n)$ 的卷积，$x(n) = x_1(n) * x_2(n)$。可以通过设计反卷积算法，将时域卷积组合的输入信号 $x(n)$ 转换为频域加性组合 $X_1(\omega)$ 和 $X_2(\omega)$。如图 5-1 所示，例如通过设计适当的滤波系统 $H(\omega)$，可以很容易在频域中获得想要的信号 $X_2(\omega)$。

在物理学和系统理论中，叠加原理（superposition principle）也称为叠加性质，指的是所有线性系统，两个或多个刺激在给定地点和时间引起的净响应是每个刺激单独引起的响应之和（图 5-2）。因此，如果输入 $x_1(n)$ 产生响应 $L\{x_1(n)\}$，输入 $x_2(n)$ 生成响应 $L\{x_2(n)\}$，那么输入 $(x_1(n) + x_2(n))$ 则产生响应 $(L\{x_1(n)\} + L\{x_2(n)\})$。

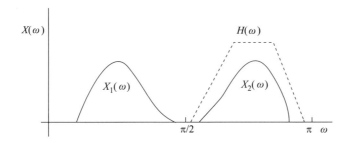

图 5 - 1　卷积信号在频域的加性表示和处理

图 5 - 2　线性系统的叠加原理

式（5 - 5）和式（5 - 6）分别显示了同质性（Homogeneity）和可加性（Additivity）的数学表达式，同质性和可加性一起被称为叠加原理。线性函数是满足叠加性质的函数。这一原理在物理和工程中有许多应用，因为许多物理系统可以建模为线性系统，即

$$x(n) = ax_1(n) + bx_2(n) \qquad (5 - 5)$$

$$y(n) = L\{x(n)\} = aL\{x_1(n)\} + bL\{x_2(n)\} \qquad (5 - 6)$$

线性系统是由叠加原理定义的。而同态系统是一种由广义叠加原理定义的非线性滤波器。叠加原理只是广义叠加原理的一个特例。如图 5 - 3 所示，同态系统 φ 通过其输入和输出向量空间中的运算进行分类。输入和输出操作符号

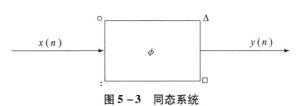

图 5 - 3　同态系统

可能不一致。线性系统是同态系统的一个特例。换言之，同态系统遵循一个类似于输入操作和输出操作符合叠加原理的定律。由于它是一个非线性系统，扩展了线性系统运算中叠加原理的应用，因此它被称为服从广义叠加原理的非线性系统，即同态系统或广义线性系统。

对于图 5 - 3 所示的同态系统，其满足的广义叠加原理能够使得式（5 - 7）扩展为式（5 - 8）的运算形式：

$$\begin{cases} \phi(x_1(n) \circ x_2(n)) = \phi(x_1(n)) \circ (x_2(n)) \\ \phi(\alpha : x(n)) = \alpha : \phi(x(n)) \end{cases} \qquad (5 - 7)$$

$$\begin{cases} \phi(x_1(n) \circ x_2(n)) = \phi(x_1(n)) \Delta(x_2(n)) \\ \phi(\alpha : x(n)) = \alpha \square \phi(x(n)) \end{cases} \qquad (5 - 8)$$

卷积同态系统（或用于卷积的同态系统）是指输入信号组合和输出信号组合都是卷积运算并遵循广义叠加原理的同态体系，如图 5 - 4 所示。

一个 LTI 系统可以由下式表示输出结果：

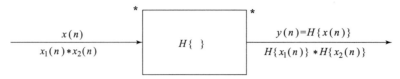

图 5-4　卷积同态系统

$$y(n) = x(n) * h(n) = \sum_{k=-\infty}^{\infty} x(k)h(n-k) \tag{5-9}$$

这里输入信号中加性操作被卷积操作替代，即 $x(n) = x_1(n) * x_2(n)$。

由广义叠加原理可知卷积同态系统的输出为

$$y(n) = H\{x(n)\} = H\{x_1(n)\} * H\{x_2(n)\} \tag{5-10}$$

如图 5-5 所示，任何同态系统都可以表示为 3 个系统的级联。带有操作符号的特征系统 $D_\bigcirc$ 使用运算规则获取输入信号 $x_1(n)$ 和 $x_2(n)$，并将其转换为一般线性组合 $D_\bigcirc(x_1(n))$ 和 $D_\bigcirc(x_2(n))$。由于系统 $D_\bigcirc$ 由操作 $\bigcirc$ 决定，所以它被称为操作 $\bigcirc$ 的特征系统（Characteristic system）。第二个系统 L 是一个确定同态系统特性的一般线性系统（Linear system），是系统设计的重点。第三个系统将加法运算转换为 Δ 运算。系统 D_Δ 由操作 Δ 决定，称为操作 Δ 的逆系统（Inverse system）。

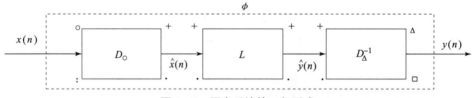

图 5-5　同态系统的一般形式

输入信号 $x(n)$ 经过上述同态系统中的 3 个级联系统，其中间过程可以用如下公式表示：

$$\begin{cases} \hat{x}(n) = D_\bigcirc\{x(n)\} = D_\bigcirc\{x_1(n)\} + D_\bigcirc\{x_2(n)\} \\ \hat{y}(n) = L\{\hat{x}(n)\} \\ y(n) = D_\Delta^{-1}\{\hat{y}(n)\} \end{cases} \tag{5-11}$$

如图 5-6 所示，对于卷积同态系统，输入操作符号 $\bigcirc$ 和输出运算符号 Δ 都是卷积运算。该系统采用卷积组合的输入，并将其转换为相加输出，然后通过传统的线性系统，最后，第一个系统的逆系统接受加法输入并将其转换为卷积输出。第一个系统 D_* 是固定的，称为同态反卷积的特征系统；第二个系统是线性系统 L，在设计中很重要；第三个系统 D_*^{-1} 也是固定的，称为逆同态反卷积的特征系统。

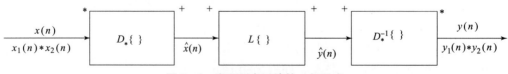

图 5-6　卷积同态系统的一般形式

此时输入信号具有卷积关系 $x(n) = x_1(n) * x_2(n)$，根据式（5 - 11）可以得到下列运算过程：

$$\begin{cases} \hat{x}(n) = D_*\{x_1(n)\} + D_*\{x_2(n)\} = \hat{x}_1(n) + \hat{x}_2(n) \\ \hat{y}(n) = L\{\hat{x}_1(n) + \hat{x}_2(n)\} = \hat{y}_1(n) + \hat{y}_2(n) \\ y(n) = D_*^{-1}\{\hat{y}_1(n) + \hat{y}_2(n)\} = y_1(n) + y_2(n) \end{cases} \quad (5-12)$$

我们利用离散时间傅里叶变换（DTFT）可以得到反卷积的正则形式，如图 5 - 7 所示。第一个问题是找到一个将卷积转换为加法的系统。卷积运算是频域中的一种乘法形式。经过 DTFT 处理后，可以使用对数函数将乘积转换为和，所以，在频域中同态系统将乘法运算变成线性加法运算，即

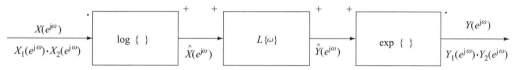

图 5 - 7　基于频域反卷积的正则形式

这样，对于具有卷积关系的输入信号 $x(n) = x_1(n) * x_2(n)$，在频域上是相乘的形式 $X(e^{j\omega}) = X_1(e^{j\omega}) \cdot X_2(e^{j\omega})$。

如图 5 - 7 所示，使用对数函数作为特征系统将乘积转换为加法运算，即

$$\begin{aligned} \hat{X}(e^{j\omega}) &= \log(X(e^{j\omega})) = \log(X_1(e^{j\omega}) \cdot X_2(e^{j\omega})) \\ &= \log(X_1(e^{j\omega})) + \log(X_2(e^{j\omega})) = \hat{X}_1(e^{j\omega}) + \hat{X}_2(e^{j\omega}) \end{aligned} \quad (5-13)$$

那么经过线性系统处理后为

$$\hat{Y}(e^{j\omega}) = L(\hat{X}_1(e^{j\omega}) + \hat{X}_2(e^{j\omega})) = \hat{Y}_1(e^{j\omega}) + \hat{Y}_2(e^{j\omega}) \quad (5-14)$$

当使用指数函数作为逆特征系统时，则有

$$Y(e^{j\omega}) = \exp(\hat{Y}_1(e^{j\omega}) + \hat{Y}_2(e^{j\omega})) = Y_1(e^{j\omega}) \cdot Y_2(e^{j\omega}) \quad (5-15)$$

对于离散时间域，可以使用 Z 变换来构造用于卷积的同态系统。如图 5 - 8 所示，图 5 - 8（a）是卷积同态系统的正则形式，图 5 - 8（b）是子系统 D_* 的形式，图 5 - 8（c）是逆系统 D_*^{-1} 的形式。特征系统 D_* 包含 3 个部分，通过 Z 变换和对数函数将卷积转换为加法运算；逆系统通过 Z 变换和指数函数将加法转换回卷积。

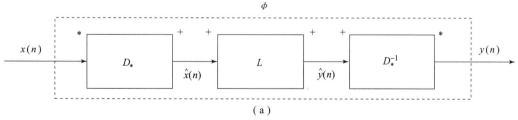

（a）

图 5 - 8　基于 Z 变换的同态系统表示形式

（a）卷积同态系统的正则形式

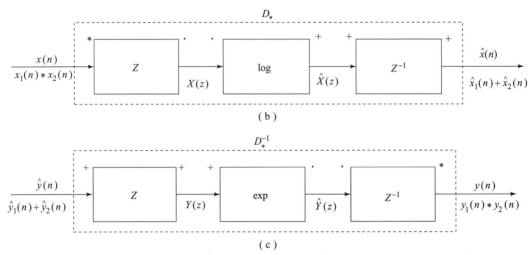

图 5-8　基于 Z 变换的同态系统表示形式（续）

（b）子系统 D_* 的形式；（c）逆系统 D_*^{-1} 的形式

5.2　倒谱和复倒谱

同态变换（Homomorphic Transformation，HT）一般是指通过一定的变换将非线性组合信号变成线性组合信号，这样可以更方便地使用线性运算来处理信号。如下式所示，同态变换将卷积运算转换为加法运算，并对应特征系统 D：

$$\begin{cases} \hat{x}(n) = D(x(n)) \\ x(n) = e(n) * h(n) \\ \hat{x}(n) = \hat{e}(n) + \hat{h}(n) \end{cases} \qquad (5-16)$$

复倒谱（Complex cepstrum）和倒谱（cepstrum）是同态变换，可以帮助分离声源和声道滤波器。我们可以用卷积特征系统来描述复倒谱的计算。如式（5-17）所示，复倒谱是指函数傅里叶变换对数的傅里叶逆变换，在 Z 变换域上可以表示为式（5-18）的形式。它并不是一个复信号，而是应用了一个复对数。

$$\hat{x}(n) = \frac{1}{2\pi} \int_{-\pi}^{\pi} \ln(X(e^{j\omega})) e^{j\omega n} d\omega \qquad (5-17)$$

$$\hat{x}(n) = Z^{-1}\{\ln(Z[x(n)])\} \qquad (5-18)$$

如式（5-19）所示，倒谱是指信号的短时幅度谱（或功率谱）的对数傅里叶逆变换，在 Z 变换域上可以表示为式（5-20）的形式，复倒谱是一种复数的对数运算。而倒谱是一个实数的对数运算，缺乏相位信息。

$$c(n) = \frac{1}{2\pi} \int_{-\pi}^{\pi} \ln|X(e^{j\omega})| e^{j\omega n} d\omega \qquad (5-19)$$

$$c(n) = Z^{-1}\{\ln|Z[x(n)]|\} \qquad (5-20)$$

频谱是信号自相关的傅里叶变换。频谱分析也称为频率域分析。倒谱（cepstrum）是对估计的信号频谱的对数进行逆离散傅里叶变换（Inverse Discrete Fourier Transform，IDFT）的结果。"cepstrum"这个英文名称是通过颠倒"spectrum"的前四个字母而得到的。对倒谱的操作被称为倒频（quefrency）分析、提升或倒谱分析。如果信号 $x(n)$ 是实信号，那么它的实倒谱和复倒谱也是实信号。实倒谱是复倒谱的偶数部分，通常把实倒谱称为倒谱。

复倒谱和倒谱有相似的定义和关系，卷积信号可以通过复倒谱或倒谱分析转换为加性信号，即

$$\begin{cases} x(n) = x_1(n) * x_2(n) \\ \hat{x}(n) = \hat{x}_1(n) + \hat{x}_2(n) \\ c(n) = c_1(n) + c_2(n) \end{cases} \qquad (5-21)$$

信号序列经过特征系统及其逆系统变换后，复倒谱可以恢复原始信号信息，而倒谱不能恢复，因为实倒谱的计算缺乏相位信息。然而，倒谱仍然可以用于语音信号分析，因为人类对语音的听觉感知主要包含在幅度信息中，而相位信息并不起主要作用。

复倒谱和倒谱计算的结果产生了一个以时间为单位的倒频域序列。图 5-9（a）显示了一段语音信号的复倒谱。图 5-9（b）显示了该段语音信号的倒谱。横轴为倒频（quefrency），具有时间意义。实倒谱和复倒谱都是双边衰减序列，能量集中在原点附近，这就是为什么可以用有限数量的系数来近似的原因。因此，人们把截短的倒谱信号作为倒谱向量。对于浊音语音，在倒频域有明显的峰值。

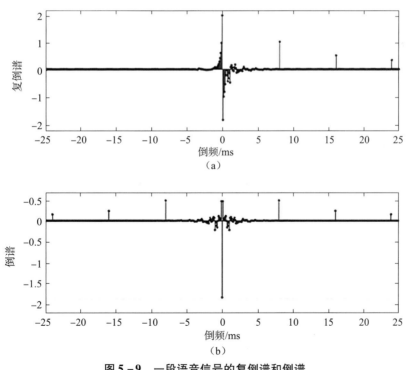

图 5-9　一段语音信号的复倒谱和倒谱

（a）语音信号的复倒谱；（b）语音信号的倒谱

下面来看一下如何利用倒谱来分析类语音信号。声门激励信号 $p(n)$ 和声道函数 $h(n)$

的卷积组合可以产生的类似语音的信号。

$$x(n) = h(n) * p(n) \tag{5-22}$$

对于浊音信号基音周期为 T，序列 $p(n)$ 是最小相位序列，而 $h(n)$ 为混合相位（单位圆内为零点，单位圆外为极点）。

$$p(n) = \beta^n \sum_{k=0}^{\infty} \delta(n - kT) \tag{5-23}$$

可以计算 $p(n)$ 和 $h(n)$ 的复倒谱，得到结果 $P(z)$ 和 $H(z)$ 分别代表语音信号的声源特性和声道特性。

$$P(z) = \sum_{k=0}^{\infty} \beta^k z^{-kT} \tag{5-24}$$

$$H(z) = \frac{(1 - bz)(1 - b^*z)}{(1 - cz^{-1})(1 - c^*z^{-1})} \tag{5-25}$$

可以看到对于有限长的周期脉冲序列，其复倒谱也是同一周期的周期脉冲串。同样，倒谱是语音频谱对数的傅里叶变换，也可以用来分离浊音中的声道信息和基音激励。大多数语音识别系统使用语音信号的倒谱系数来描述频谱，因为倒谱系数在不同的音素之间具有良好的区分特性，并且通常相互独立。对于特定音素，倒谱系数近似为高斯分布。

通常语音信号可以看作是由激励通过一个全极点模型（模拟声道的 AR 模型）产生的输出，其系统函数表示为式（5-26）的形式：

$$H(z) = \frac{G}{1 - \sum_{i=1}^{p} a_i z^{-i}} \tag{5-26}$$

根据线性预测分析的基本理论，可以通过计算每帧语音信号的短时自相关函数，进而通过莱文森—德宾递推算法求解 p 个预测系数 a_i。为了求取 $H(z)$ 对应冲激响应 $h(n)$ 的倒谱 $\hat{h}(n)$，根据同态处理定义 $\hat{H}(z) = \log H(z)$，而且 $H(z)$ 是最小相位系统，其在单位圆内是解析的，所以 $\hat{H}(z)$ 可以展开成级数形式，也就是说 $\hat{H}(z)$ 的逆变换 $\hat{h}(n)$ 是存在的。如此可以通过同态分析得到线性预测倒谱系数（Linear Prediction Cepstral Coefficient，LPCC）c_n，c_n 是线性预测系数 a_i 在倒谱域中的表示。该特征基于语音信号是自回归信号的假设，如式（5-27）所示倒谱系数可以通过线性预测分析得到。因此，LPCC 反映了声道的特性。需要注意的是，不能使用倒谱系数来反演 LPC 系数，这将导致系统不稳定。LPCC 在信号产生过程中丢弃了激励信息，十多个倒谱系数可以代表共振峰的特征。因此，LPCC 在语音识别中具有良好的性能。

$$c_n = a_n + \frac{1}{n} \sum_{k=1}^{\min(p,n-1)} (n - k) c_{(n-k)} a_k \tag{5-27}$$

在语音处理中，梅尔频率倒谱（Mel Frequency Cepstrum，MFC）是声音短时功率谱的一种表示，它是基于非线性梅尔频率刻度上对数功率谱的线性余弦变换得到的。梅尔频率倒谱系数（Mel Frequency Cepstral Coefficients，MFCC）是共同构成梅尔频率倒谱的系数。考虑到人类听觉的特点，首先将线性谱映射到基于听觉感知的梅尔非线性谱，然后转换为倒谱。倒谱和梅尔频率倒谱之间的区别是，在梅尔频率倒谱中，频带在梅尔尺度上的间隔相等，这比正常倒谱中使用的线性间隔频带更接近人类听觉系统的响应。梅尔频率倒谱系数提取流程如图 5-10 所示。在梅尔频率倒谱系数提取过程中，梅尔滤波器组一般是由 N 个通道的三角形滤波器组成（N 由信号截止频率决定），当然，也可采用其他形状，例如正弦形的滤波器组。

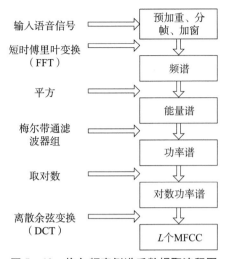

图 5 – 10　梅尔频率倒谱系数提取流程图

因为梅尔频率倒谱系数（对数功率谱）存在很高的相关性，所以最后利用离散余弦变换（DCT）去除了相关性，最终截取出 L 个梅尔频率倒谱系数。此外，梅尔频率倒谱系数只能体现语音帧的静态听觉感知特性，为了获取语音信号的动态变化特性，还可以求出其对应的一阶和二阶差分系数△MFCC、△△MFCC 来反映特征随时间变化的情况。梅尔频率倒谱系数的低时部分对应音频信号的声道分量，且按 $1/n$ 的趋势随 n 的增加而衰减，故用维数不多的倒谱向量可以表征音频信号的声道分量。MFCC 的高时部分对应音频信号的声源激励分量。

5.3　同态滤波

同态滤波（Homomorphic Filter）是一种语音信号和图像处理的通用技术。这个概念是20 世纪 60 年代麻省理工学院提出的。同态滤波器是一种同态系统 $\mathcal{H}$，它在不改变所需信号的同时去除不需要的信号。如图 5 – 11 所示，假设 $x_1(n)$ 是不需要的信号，可以定义同态系统 $\mathcal{H}$，将 $x_1(n)$ 转换为 δ 函数并直接通过同态系统，那么同态系统之后的输出就是所需的信号 $x_2(n)$。这个过程见式（5 – 28）。对于线性系统，这类似加性噪声的消除。

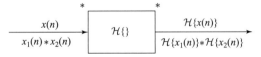

图 5 – 11　同态系统中同态滤波示意图

$$\begin{cases} x(n) = x_1(n) * x_2(n) \\ \mathcal{H}\{x(n)\} = \mathcal{H}\{x_1(n)\} * \mathcal{H}\{x_2(n)\} \\ \mathcal{H}\{x_1(n)\} \rightarrow \delta \\ \mathcal{H}\{x_2(n)\} \rightarrow x_2(n) \\ \mathcal{H}\{x(n)\} = \delta(n) * x_2(n) = x_2(n) \end{cases} \qquad (5-28)$$

　　同态滤波通常涉及应用线性滤波技术进行不同域的非线性映射，然后映射回原始域。在语音分析中，对于加窗信号 $x(n)$（激励脉冲 $e(n)$ 和声道脉冲响应 $h(n)$ 的卷积组合），以不同的方式设计线性函数 $l(n)$ 来恢复声道分量 $h(n)$ 或激励脉冲 $e(n)$。如在将倒谱作为声音的表示形式进行计算时，在对数谱域中使用同态滤波可以分离语音的声道效应和激励成分（图 5-12）。如果目的是从复倒谱的剩余成分中分离出激励脉冲，则可以使用式（5-30）的倒谱窗口 $l(n)$ 从声道声源的组合中分离激励脉冲 $e(n)$。逆特征系统对滤波后的信号进行处理，以恢复组合的声道效应或声源成分。

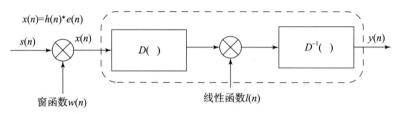

图 5-12　同态滤波分离语音的声道效应和声源成分

　　如果要恢复声道效应 $h(n)$，则有

$$l(n) = \begin{cases} 1, & |n| < N \\ 0, & |n| \geqslant N \end{cases} \tag{5-29}$$

　　如果要恢复声源成分 $e(n)$，则有

$$l(n) = \begin{cases} 1, & |n| \geqslant N \\ 0, & |n| < N \end{cases} \tag{5-30}$$

　　在倒谱域上加窗 $l(n)$ 实际上是一种在倒频（quefrency）域上进行的倒滤波（Lifter）操作，用式（5-29）处理后对应的是低通倒滤波，能够估计声道的脉冲响应；用式（5-30）处理后对应的是高通倒滤波，能够估计声源的脉冲激励。

　　如图 5-13 所示，同态滤波通常用于对数频谱域，可以解释为对数频谱的线性平滑。图 5-13（a）显示了在倒频域中同态滤波的实现。图 5-13（b）显示了图 5-13（a）中操作同态滤波的扩展。图 5-13（c）显示了频域中的解释。这里引入一个新概念——倒滤波。滤波意味着对时间信号进行线性操作，而倒滤波意味着在倒谱域上进行线性操作。

　　如图 5-14 所示，同态滤波可以看作是信号频谱对数的平滑。图 5-14（a）为谐波谱 $X(\omega)$，图 5-14（b）为谐波谱的对数。倒滤波 $L(\omega)$ 用于将 $X(\omega)$ 的对数进行平滑，它也被视为对数压缩算子。

　　图 5-15 中显示了倒频域中的倒滤波计算过程示意图。输入信号经过一系列操作并输出平滑频谱。如果对两个信号进行卷积，它们的傅里叶变换将相乘，并且适当定义的复数对数将得到两个对数傅里叶变换的和。这个和的傅里叶逆变换是各个逆变换的和，因此傅里叶变换→复数对数→傅里叶逆变换这一级联过程将卷积映射为相应信号的总和，然后通过设计线性系统，可以得到倒谱域中低通滤波器对应的低倒频率的倒滤波器（低通倒滤波），以及倒谱域中高通滤波器对应的高倒频率的倒滤波器（高通倒滤波）。最后通过傅里叶变换和指数函数，得到一种同态谱。

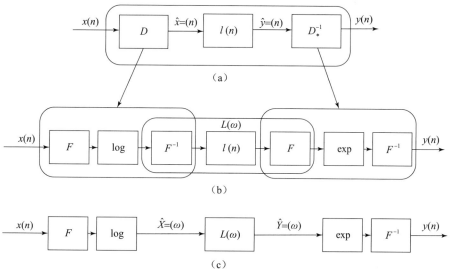

图 5 – 13 同态滤波和倒滤波

（a）同态滤波；（b）同态滤波的扩展；（c）倒滤波

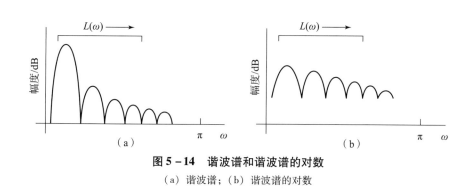

图 5 – 14 谐波谱和谐波谱的对数

（a）谐波谱；（b）谐波谱的对数

图 5 – 15 倒滤波的计算流程

图 5 – 16 显示了语音信号在倒谱域进行低通倒滤波后的同态频谱，会对语音信号对数幅度谱产生平滑效果。这个过程首先通过计算窗口加权语音帧的实倒谱，并将得到的对数幅度谱保存为基线语音谱；然后使用低通倒滤波有效地平滑对数幅度谱，在倒频域上截止频率以 20 个频率的步长从低值 20 变化到高值 100。最平滑的是倒滤波的低截止频率；倒滤波的高截止频率处，平滑度最小。因此，可以用倒滤波技术得到短时谱的包络。同态谱和线性预测 LPC 谱都可以表示短时谱的包络。

在频域中，我们可以将语音信号视为频谱包络和频谱细节的乘积。包络部分对应频谱的低频信息，细节部分对应频谱中的高频信息。倒谱分析可以将与这两部分对应的时域信号的卷积关系转换为线性相加关系。因此，只需要将倒谱通过一个低通倒滤波器来获得与包络部分相对应的时域信号，并通过高通倒滤波器来获得与频谱的细节部分相对应的时域信号。这样利用倒滤波技术，可以很容易地将声源和声道分离。

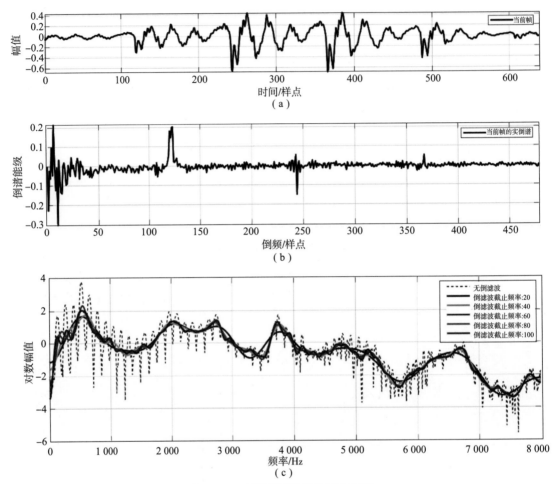

图 5 – 16 低通倒滤波后的同态频谱

（a）语音信号的时域波形；（b）语音信号的倒谱；（c）语音信号的对数幅度谱

5.4 同态分析应用

这一节将介绍同态和倒谱分析方法在语音信号处理中的几种应用。

对于卷积同态系统，需要设计 3 个子系统。

第一个子系统是卷积特征系统，它将卷积运算转换为加法运算。特征系统的一般形式是复倒谱分析，即

$$D_*\{x_1(n) * x_2(n)\} = D_*\{x_1(n)\} + D_*\{x_2(n)\} = \hat{x}_1(n) + \hat{x}_2(n) \tag{5-31}$$

第二个子系统是线性系统，它是一种线性滤波，用于增强或分离信号的一部分，同时削弱或去除另一部分，即

$$L\{\hat{x}_1(n) + \hat{x}_2(n)\} = L\{\hat{x}_1(n)\} + L\{\hat{x}_2(n)\} = \hat{y}_1(n) + \hat{y}_2(n) \tag{5-32}$$

第三个子系统是卷积特征系统的逆系统，它将加法运算转换回卷积运算。在语音处理的应用中，经常使用同态系统的反卷积能力，即

$$D_*^{-1}\{\hat{y}_1(n) + \hat{y}_2(n)\} = D_*^{-1}\{\hat{y}_1(n)\} + D_*^{-1}\{\hat{y}_2(n)\} \quad (5-33)$$

5.4.1　去解卷

卷积同态系统用于数字信号处理和反卷积，以恢复有用信号。它的一个重要应用是在数字语音信号处理中分离声道脉冲响应和声门激励信号。通过同态滤波或倒谱分析，可以很容易地从组合信号 $x(n)$ 中分离出 $u(n)$ 或 $h(n)$。

输入信号：

$$x(n) = u(n) * h(n) \quad (5-34)$$

复倒谱：

$$\hat{x}(n) = \hat{u}(n) + \hat{h}(n) \quad (5-35)$$

倒谱：

$$c_x(n) = c_u(n) + c_h(n) \quad (5-36)$$

图 5-17 为语音信号短时同态分析流程，位置 A 是输入语音段通过汉明窗口进行归一化和加权后的信号，位置 B 是加窗语音的傅里叶变换，位置 C 是原始频谱的对数幅值，位置 D 是倒谱，位置 E 是同态滤波后平滑谱的对数幅值。对于浊音，倒谱有明显的峰值，同态谱有明显共振峰特征。对于清音语音，结果正好相反。

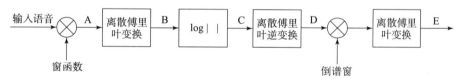

图 5-17　语音信号短时同态分析流程

5.4.2　去混响

通常，反卷积目的是求卷积方程的解。在混响环境中录制语音时，多个回波会对存储的语音造成损伤。通常 $x(n)$ 是存储的语音信号，$s(n)$ 则是希望恢复的有用信号，但已与几个回波信号相加，即

$$x(n) = s(n) + \sum_{k=1}^{M} a_k s(n - n_k) = s(n) * h(n) \quad (5-37)$$

在另一种形式中，语音 $s(n)$ 在录制之前与传递函数 $h(n)$ 进行卷积，即

$$h(n) = \delta(n) + \sum_{k=1}^{M} a_k \delta(n - n_k) \quad (5-38)$$

函数 $h(n)$ 仅表示应用于物理系统的混响特性。如果知道 $h(n)$，或者至少知道 $h(n)$ 的某种形式，那么就可以进行确定的反卷积操作。然而，如果事先不知道 $h(n)$，那么就需要先估计它，通常使用统计估计方法。通过同态分析，可以设计一个梳状滤波器来消除混响得到有用的信号。

5.4.3　倒谱法求基音周期

倒谱分析也提供了一种基音估计的方法。浊音语音的倒谱具有与基音周期相对应的强峰

值。倒谱基音检测算法比基于自相关的基音检测具有一些优势。假设浊音语音序列 $s(n)$ 可以表示为 $e(n)$（声源激励序列）和 $h(n)$ 的卷积（声道离散脉冲响应）：

$$s(n) = e(n) * h(n) \tag{5-39}$$

在自相关函数中，声源和声道的影响相互卷积。这会导致自相关函数出现宽峰值，在某些情况下会出现多个峰值。在频域中，声源和声道效应之间的卷积关系变成了乘法关系：

$$S(\omega) = E(\omega) \cdot H(\omega) \tag{5-40}$$

倒谱中声源效应和声道效应之间的乘法关系被转化为加性关系：

$$F^{-1}\{\log[S(\omega)]\} = F^{-1}\{\log[E(\omega)]\} + F^{-1}\{\log[H(\omega)]\} \tag{5-41}$$

声源和声道的影响几乎是独立的，或者很容易识别和分离。我们可以分离出代表源信号的倒谱部分，并找到真实的基音周期。这就是为什么倒谱基音测定通常比自相关法更准确的原因。对于基音检测，倒谱的实部就足够了。

对于有限长离散信号 $s(n)$ 的实倒谱定义为 $C(m)$，其中 $S(k)$ 是 $s(n)$ 的自然对数幅度谱（e 是自然对数的底），即

$$C(m) = \frac{1}{N} \left\| \sum_{k=0}^{N-1} S(k) \cdot e^{-j\frac{2\pi}{N}mk} \right\| \tag{5-42}$$

$$S(k) = \log \left\| \sum_{k=0}^{N-1} s(n) \cdot e^{-j\frac{2\pi}{N}nk} \right\| \tag{5-43}$$

倒谱由与基音周期一致的高倒频出现的峰值和与对数谱中共振峰结构相对应的低倒频信息组成。为了从倒谱中获得基频的估计值，我们在倒频域中寻找对应典型语音基频的倒谐波峰值。从比较语音段与其倒谱可以看出，这种基本倒频率上的分析结果也是时间波形的周期（基音周期）。在倒谱中搜索这些峰值是基音检测算法的基础。

5.4.4　倒谱法清浊划分

倒谱法可用于清音和浊音检测。当声门激励源为浊音时，其复倒谱不仅在基音周期的倍数处为 0，在其他点处也为 0。复倒谱序列的第一个非零点与原点之间的距离正好是基音周期。在清音的情况下，复倒谱没有明显的峰值。通过使用此功能，可以检测清音和浊音。

5.4.5　倒谱法提取共振峰

倒谱法可用于提取共振峰特征。第一步是对倒谱进行滤波，并取出低时间部分（低倒频成分）。对低时间部分进行逆系统处理，以获得平滑对数谱函数。对数谱函数包含语音的共振峰结构，可以检测峰值并估计几个共振峰的频率和强度。从同态滤波的角度来看，倒滤波被用来分离声道滤波器响应和周期激励谱。通过对倒谱应用低通倒滤波器来提取第一个倒谐波峰以下的低倒频成分，得到缓慢变化的共振峰包络。因此，低倒频成分对应声道的共振结构，最后的同态谱峰对应共振峰频率。

5.4.6　同态声码器

同态系统也可以用来设计声码器。同态分析与合成系统如图 5-18 所示。包含在低时间

部分的频谱包络信息在每一帧被更新和传输。通过倒谱基音检测获得激励参数。同态滤波过程与分析—合成激励编码方法相结合是低比特率语音编码中线性预测编码（LPC）的一种很有潜力的替代方法。

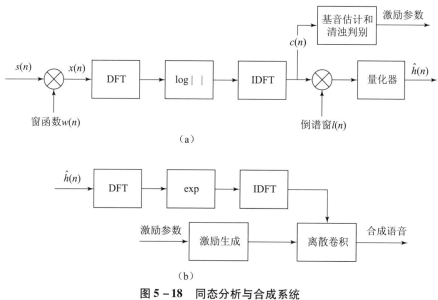

（a）

（b）

图 5－18　同态分析与合成系统

（a）同态分析；（b）合成系统

第 6 章

矢量量化技术

6.1　量化的基本概念

　　语音数字通信的两个关键问题是语音质量和传输码率，在技术上这两个问题往往是相互矛盾的：人们想要得到较高的语音质量，就必须使用较高的传输码率，例如 PCM 等波形编码方法；反之，为了实现高效地压缩数据码率或者使用较低的传输码率，就很难获得良好的语音质量，例如 LPC 声码器等。下面将讨论的矢量量化技术却是一种既能高效压缩数据码率，又能保证语音质量的编码方法；它不但能用于波形编码，而且还能用于各种模型的和非模型的参数编码，还可用于图像等信号的压缩编码中。

　　矢量量化（Vector Quantization，VQ）是 20 世纪 70 年代后期新发展起来的一种数据压缩技术，也可以说是香农信息论在信源编码理论方面的新发展。矢量量化的基本原理是：将若干个标量数据组构成一个矢量，然后在矢量空间中给以整体量化，从而压缩了数据而不损失多少信息。当然，信息是有损失的，但仅取决于量化的精度要求。所以，这是一种高效的数据压缩技术。矢量量化技术早在 1956 年由学者斯坦豪斯（Steinhaus）首次提出，真正的进展是从 1978 年开始的。1958 年，墨西哥旅美学者布左（Buzo）在他的博士论文中首先提出了一个简单且实际的矢量量化器。自从 1980 年提出矢量量化器码书设计的 LBG（Linde，Buzo，and Gray）算法以来，矢量量化技术已经成功地应用到图像压缩和语音编码中。此后，讨论各种矢量量化器设计、搜索算法、码本设计的文章逐渐增多。由于矢量量化充分利用了矢量中各分量间隐含的各种内在关系，因此比标量量化性能优越；随着矢量维数的增加，这种优越性越明显。标量量化可以看成是一维矢量的量化。在语音信号处理领域里，矢量量化在语音编码、语音识别等方向的研究中扮演着重要的角色，取得了不少成果。

　　首先应该明确量化的基本概念。量化是将一组连续的值（如实数）约束为一个相对较小的离散集（如整数）的过程。这类似模数转换器的功能，通过创建一系列离散的数字值来表示原始模拟信号。位深（可用的比特数）决定量化值的精度和质量。数字信号处理涉及采集模拟波形（如声波）并将其转换为一系列单独的样点，每个样点都有一个幅度值。这些可能的幅度值进行量化的级别由位深（比特数）定义，例如 8 比特量化 = 256 个可能值。具体操作时根据量化对象的维数有两种量化方法：①标量量化是对单个值或参数进行量化；②矢量量化是对一系列值或参数进行量化。

　　其次是要明确，为什么要用使用矢量量化方法？在传统的标量量化信号编码中，先通过一定的映射变换将信号转换为一系列参数，然后逐个进行标量量化编码。在矢量量化编码中，输入数据被分成若干组并进行分组量化，即每组中的这些数字被视为多维矢量，之后以矢量为单位进行量化。如在 LPC 编码中，对 4 个反射系数进行编码，假设它们代表的声道仅限于 4 种形态（4 个声道频率响应）。如果使用标量量化，每个反射系数都用 2 比特进行量化和编码，所有反射系数的总比特数将是 8 比特。如果使用矢量量化，把 4 个反射系数可以看作一个矢量，则这组反射系数代表的 4 种状态可以只用 2 比特编码。这就是为什么矢量量化适合有损数据压缩。

　　标量量化是一维量化，一个振幅对应一个量化结果。如图 6-1（a）所示，标量量化器被设计成将标称的幅值分成几个区间，这些区间称为量化电平。将属于同一水平的样本值归为一类，并给出一个称为质心的量化值。量化失真是判决间隔上实际值和输出质心之间的差值。量化级别越多，量化误差越小，质量越好。矢量量化是二维甚至多维量化，两个或更多个幅值决定量化结果。如图 6-1（b）所示，以二维情况为例，两个幅值决定了平面上的一个点。该平面按概率预先划分为 N 个小区域，每个区域对应一个输出结果。由输入数据确定的点位于一个决策区域内，矢量量化器将输出对应于该区域的质心（Centroid）。量化失真是基于判决区域上的输入向量和相应质心计算的。

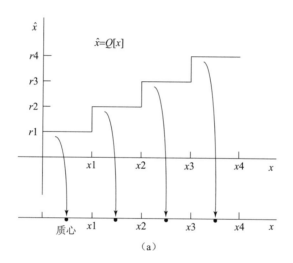

（a）

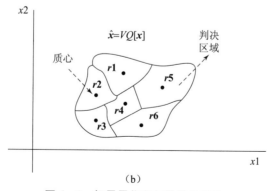

（b）

图 6-1　标量量化和矢量量化对比

（a）标量量化；（b）矢量量化

　　矢量量化算法的基本思想是将整个特征空间划分为一定数量的区域，并用区域中心表示落入该区域的任何矢量。为此，矢量量化算法常使用一些聚类（Clustering）算法，如 k-均值（k – means）算法，迭代获得聚类中心和向量的隶属度，直到收敛。所有聚类中心将形成码本（Codebook），码本中的每个矢量都将成为一个码字（Codeword）或码字矢量（Codevector）。

矢量量化通常用于语音编码参数的量化。在对语音信号的每一帧进行 LPC 分析后，获得 LPC 系数（等效参数，如反射系数或 LSP 线谱对参数）以形成矢量，并进行矢量量化，这大大降低了编码速率。当矢量量化技术应用于语音识别时，由聚类算法获得的 VQ 码本通常用作语音识别的参考模板，即系统字典中的每个单词都作为一个码本（参考模板）。对于识别过程中的任何输入语音特征向量序列，计算每个码本序列的总平均失真量化误差，误差最小的码本对应的单词就是识别结果。基于矢量量化的语音识别系统复杂度比较低。

6.2　矢量量化的基本原理

矢量量化的过程是将语音信号波形的 k 个样点的每一帧或有 k 个参数的每一参数帧构成 k 维欧氏空间中的一个矢量，然后对此矢量进行"集体"量化。通常所讲的标量量化，也可以说是 $k=1$ 的一维矢量量化。矢量量化的过程与标量量化相似：在进行标量量化时，在一维的零至无穷大值之间设置若干个量化间隔，当某输入信号的幅度落在某相邻的两个量化间隔之间时，就被量化为该两阶梯间的中心值；而在矢量量化时，则将 k 维无限空间划分为 M 个区域边界，然后将输入信号的矢量与这些边界进行比较，并被量化为"距离"最小的区域边界的中心矢量值。

图 6 – 2 为矢量量化分析与重构流程。输入矢量被量化之后，得到的是在码本中与该矢量之间具有最小失真的某码矢的角标（或地址码），这些角标就可以作为存储或传输的参数。在进行矢量重构时，只需按此角标从码本中找出相应的码矢量参数，直接复原或进行反变换就可以得到恢复的时域信号。由此可见，矢量量化兼有高度保密的优良性能。

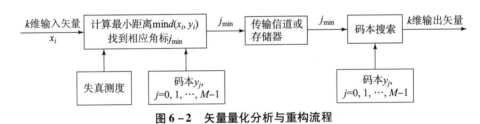

图 6 – 2　矢量量化分析与重构流程

矢量量化的主要性能指标如下：

（1）码本的尺寸 M。设码本角标的二进制长度为 R 比特，则

$$M = 2^R \tag{6-1}$$

（2）信道传输的数码率 F。设该系统每秒输入 N 个矢量，则

$$F = R \cdot N \, \text{bit/s}（比特/秒） \tag{6-2}$$

（3）每信号样本所占的比特数 r。设输入信号矢量是 k 维的，则

$$r = \frac{R}{k} \, \text{bit/sample}（比特/样本） \tag{6-3}$$

（4）由于矢量量化而产生的平均信噪比为

$$SNR = 10\lg\left[\underset{N}{E}(\parallel x \parallel^2)/\underset{N}{E}(d(x,y))\right]dB \tag{6-4}$$

式中，方括弧中的分子部分是一秒内输入信号矢量的平均能量，分母部分是一秒内输入信号矢量与码本矢量之间的平均失真，即量化噪声。

矢量量化器的设计就是从大量信号样本中训练出好的码本，从实际效果出发寻找到好的失真测度定义来设计最佳的量化器系统（例如可以选择反馈的、多级的、树搜索的 VQ 形式等），以便用最少的搜索运算量和失真计算量来实现最大可能的平均信噪比。

失真测度是将输入信号矢量用码本的重构矢量来表征时的失真或所付出的代价。式（6-4）中的 $\underset{N}{E}(d(x,y))$ 是一秒时间内 N 个输入信号矢量与码本重构矢量之间的总平均失真。如果要求这个总平均失真小（即信噪比 SNR 大），势必要求码本的重构矢量划分要细致些。换言之，码本尺寸 M 要增大或角标长度 R 要增大，因而数码率 F 也要增大。反之，如果要求小的传输数码率 F，势必要增大总平均失真，或者 SNR 要降低要求。综上所述，失真测度和码本尺寸是矢量量化中两个相互对立、相互制约的关键技术指标。

那么，应该如何选择失真测度呢？一个理想的失真测度应具备以下两个特性：

（1）它必须是主观上有意义的（Subjectively Relevant），即小的失真应该对应好的主观语音质量。

（2）它必须是易于处理的（Tractable），即易于数学运算的，因而可以有效地用于实际矢量量化器的设计中。

目前，对失真测度已有过不少的研究，很多学者曾提出过均方误差（即欧氏失真）、加权的均方误差、Itakura Saito 失真、似然比失真等。近年来，还有人提出了"主观的"失真测度。下面介绍几种最常用的符合上述两个特性的失真测度，它们在语音信号处理中常被用于波形序列 VQ、线性预测参数 VQ 和孤立词识别 VQ 中。

（1）欧氏失真——均方误差。

设输入信号的某一个 k 维矢量 $\boldsymbol{x}$，与码本中某一个 k 维矢量 $\boldsymbol{y}$ 进行比较，则定义它们的均方误差为欧氏失真（Euclidean Distortion），即

$$d_2(\boldsymbol{x},\boldsymbol{y}) = \frac{1}{k}\sum_{i=1}^{k}(\boldsymbol{x}_i - \boldsymbol{y}_i)^2 \tag{6-5}$$

式中，$d_2(\boldsymbol{x},\boldsymbol{y})$ 的下标 2 表示平方误差，$\boldsymbol{x}_i$ 和 $\boldsymbol{y}_i$ 分别是矢量 $\boldsymbol{x}$ 和 $\boldsymbol{y}$ 的分量。

（2）其他几种欧氏失真。

另外，还有几种欧氏失真也是有用的，这里介绍以下 4 种欧氏失真。

① r 方平均误差，其定义式为

$$d_r(\boldsymbol{x},\boldsymbol{y}) = \frac{1}{k}\sum_{i=1}^{k}|\boldsymbol{x}_i - \boldsymbol{y}_i|^r \tag{6-6}$$

② r 平均误差，其定义式为

$$d'_r(\boldsymbol{x},\boldsymbol{y}) = \left[\frac{1}{k}\sum_{i=1}^{k}|\boldsymbol{x}_i - \boldsymbol{y}_i|^r\right]^{1/r} \tag{6-7}$$

（3）绝对值平均误差，这相当于 $r=1$ 时的平均误差。其定义式为

$$d_1(\boldsymbol{x},\boldsymbol{y}) = \frac{1}{k}\sum_{i=1}^{k}|\boldsymbol{x}_i - \boldsymbol{y}_i| \tag{6-8}$$

（4）最大平均误差，这相当于 $r \to \infty$ 时的平均误差，也称为明可夫斯基范数

（Minkowski Norm），其定义式为

$$d'_{\infty}(\boldsymbol{x},\boldsymbol{y}) = \lim_{r \to \infty}\left[d_r(\boldsymbol{x},\boldsymbol{y})\right]^{1/r} = \max_{1 \leqslant i \leqslant k}\left|\boldsymbol{x}_i - \boldsymbol{y}_i\right| \tag{6-9}$$

以上 5 种欧氏失真中，最常用的是 $r = 2$ 时用式（6 - 5）所表示的失真测度，它的最大优点是简单，易于计算机处理，且符合语音主观感知的条件。

矢量量化器包含 VQ 编码器和 VQ 解码器（图 6 - 3）。VQ 编码器的功能是根据某种失真度量在码本中搜索与输入矢量最匹配的码向量或码字；给定一个输入向量，找到最接近的码字，并通过信道发送码字索引。在 VQ 解码器中，该索引用于从相同的码本中查找码向量。在训练码本时，两个矢量之间的距离将由两个中心之间的距离表示，它可以在获得码本后立即进行预计算。因此，在 VQ 解码器中，无论何时获得码本，计算都将是一种查表操作。

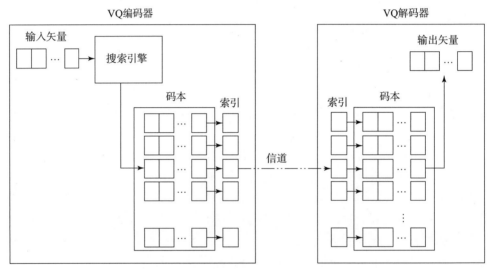

图 6 - 3　矢量量化器包含 VQ 编码器和 VQ 解码器

6.3　最优矢量量化器的设计

由于码本大小 N 未知，矢量量化的实际设计很困难。我们只讨论当矢量量化器的大小已知时的最优矢量量化器问题。考虑到码书 N 的大小，存在两个最优矢量量化的条件。第一个条件是优化编码器，在给定码本的条件下，编码器将找到源空间的最佳分割，以最小化平均失真。第一个条件可以通过最近邻原理（Nearest Neighbor Principle，NNR）得到。第二个条件是优化解码器，在给定的分割条件下，解码器将找到最佳码本，以最小化平均失真。第二个条件可以通过 k - 均值方法得到。

在矢量量化系统的设计中有两个问题：

（1）如何划分 M 个区域边界？这一过程称为训练，通常使用聚类方法建立码本。该方法是从大量信号中统计分割出参数向量，并进一步确定这些分割边界的中心向量值以获得码本。

（2）比较两个矢量时如何确定度量准则？此度量准则是两个矢量之间的距离，或基于

其中一个矢量的失真度，它描述了当输入向量由对应码本的向量表示时需要损失的代价，这会影响聚类效果和量化精度。

下面讨论码本的设计算法。

矢量量化技术通常包括建立码本和搜索码字。建立码本，也称为码本训练过程。搜索码字是指当码字已经存在时，针对给定的输入向量，在码书和输入向量之间搜索失真最小的码字。矢量量化设计的首要和核心问题是码本的设计。如果没有码本设计，整个矢量量化系统就无法实现。码本的质量直接影响压缩效率和恢复信号的质量。有两种典型的码本设计算法。k－均值（k－means）方法也称为广义 GLA（Generalized Lloyd Algorithm）算法，GLA 算法是一种具有迭代解的聚类分析算法。LBG（Linde Buzo Gray）迭代算法是训练码本的常用方法，它是从 k－均值聚类方法派生出来的 GLA 算法的推广。

码本是如何设计的？首先，介绍设计问题。训练序列由 M 个源向量组成，假设源向量是 k 维的，即

$$\boldsymbol{x}_m = (x_{m,1}, x_{m,2}, \cdots, x_{m,k}), \quad m = 1, 2, \cdots, M \tag{6-10}$$

有两个问题需要解决：一种是 C 解，用于获得每个都是 k 维的码向量，即

$$C = \{\boldsymbol{c}_1, \boldsymbol{c}_2, \cdots, \boldsymbol{c}_n\}, \quad n = 1, 2, \cdots, N \tag{6-11}$$

$$\boldsymbol{c}_n = (c_{n,1}, c_{n,2}, \cdots, c_{n,k}), \quad n = 1, 2, \cdots, N \tag{6-12}$$

另一个是 P 解，得到空间的分区，即

$$P = \{S_1, S_2, \cdots, S_N\} \tag{6-13}$$

假设采用平方误差失真度量，可以计算下式平均失真：

$$D_{ave} = \frac{1}{Mk} \sum_{m=1}^{M} \| \boldsymbol{x}_m - Q(\boldsymbol{x}_m) \|^2 \tag{6-14}$$

其次，将用最优准则来解决问题。对于正确的 C 和 P 解，需要两个条件：

第一个是最近邻条件（Nearest Neighbor Condition，NNC），它表明矢量量化编码区域应该由比任何其他代码向量都更接近的所有向量组成：

$$S_n = \{\boldsymbol{x}: \| \boldsymbol{x} - \boldsymbol{c}_n \|^2 \leqslant \| \boldsymbol{x} - \boldsymbol{c}_{n'} \|^2 \quad \forall n' = 1, 2, \cdots, N\} \tag{6-15}$$

第二个是"质心条件"（Centroid Condition），它表明码本向量应该是编码区域中所有训练向量的平均值：

$$\boldsymbol{c}_n = \frac{\sum_{x_m \in S_n} \boldsymbol{x}_m}{\sum_{x_m \in S_n} 1} \quad n = 1, 2, \cdots, N \tag{6-16}$$

在实现过程中，应该确保每个编码区域至少有一个训练向量（以便上述等式中的分母永远不为 0）。

根据矢量量化优化的两个条件，可以迭代应用最近邻选择规则为每个区域生成一个新的质心，以最小化平均失真。这个过程称为 k－均值算法或广义 Lloyd 算法。k－均值算法的基本思想是根据上述两个必要的优化条件将训练集划分为 M 个簇。给定一组观测值 $(x_1, x_2, \cdots, x_n)$，其中每个观测值是一个 d 维实向量，k－均值聚类旨在将 n 个观测值划分为 k 个集合 $S = \{S_1, S_2, \cdots, S_k\}$，以最小化簇内平方和（Within Cluster Sum of Squares，WCSS）（簇内每个点到均值点 $\boldsymbol{\mu}_i$ 的距离函数之和）。换言之，它的目标是找到最小失真方程，即

$$\underset{S}{\arg\min} \sum_{i=1}^{k} \sum_{\boldsymbol{x} \in S_i} \| \boldsymbol{x} - \boldsymbol{\mu}_n \|^2 \tag{6-17}$$

k – 均值算法是使用迭代求精技术的最常见算法。给定初始 k 均值集，标准算法通过两个步骤交替进行。

（1）分配步骤：将每个观测值分配给平均值在簇内平方和最小的簇。因为平方和是平方欧氏距离，所以直观上这是"最接近"的平均值（数学上，这意味着根据平均值生成的 Voronoi 图对观测值进行分区）。在这个等式中，第 t 次迭代过程中每个观测 x_p 被精确地分配给某一个集合 S_i，即使它可以分配给其中的两个或多个，m_i 是该步中第 i 个簇内观测值的质心，即

$$S_i^{(t)} = \{x_p : \| x_p - m_i^{(t)} \|^2 \leqslant \| x_p - m_j^{(t)} \|^2 \ \forall j, 1 \leqslant j \leqslant k\} \qquad (6-18)$$

（2）更新步骤：计算新簇中观测值的质心的新平均值。由于算术平均值是一个最小二乘估计量，这也达到了最小化簇内平方和的目标。当赋值不再更改时，算法达到收敛，即

$$m_i^{(t+1)} = \frac{1}{|S_i^{(t)}|} \sum_{x_j \in S_i^{(t)}} x_j \qquad (6-19)$$

理论上，k – 均值算法只能收敛到局部最优值。收敛到局部最小值可能会产生错误结果。通常，存在多个局部最优解。初始化对最终收敛的码本质量起着非常关键的作用。一种全局优化方法是设置多组不同的初始值，并使用 k – 均值算法迭代计算，然后选择失真最小的码本。因此，找到合适的初始码本非常重要。

LBG 迭代算法是训练码本的常用方法。LBG 迭代算法在给定训练集和给定码本大小的前提下计算具有局部最小平均失真的码本。它类似数据聚类中的 k – 均值方法。在开始之前，先确定码字的数量或码本的大小。第一步是初始化码本和码字，可以使用不同的方法设计，也可以不使用训练集；然后，使用距离度量对每个码字周围的矢量进行聚类，这可以通过获取每个输入向量并找到它与每个码字之间的欧氏距离来实现。输入向量最终归属到产生最小距离的码字集；之后，将计算新的码字集，这可以通过获取每个集群的平均值来实现，一直迭代到相对失真小于给定阈值。

有一些方法可以设置初始码本。第一种方法是从训练序列中随机选择 M 个矢量作为初始码字，形成初始码本，这就是随机选择方法。可以选择一些非典型矢量作为不具有代表性的码字，即所选码字在训练序列中分布不均匀。这会导致区域在某些空间中分割得太细，而在某些空间内分割得太粗。这样，码书中有限的码字没有得到充分利用，矢量量化器的性能会下降。第二种方法是使用分割训练来避免初始码本选择不当导致的计算发散。考虑码本大小为 $M=1$，即初始码本仅包含一个码字。计算所有训练序列的质心，并将此质心用作第一个码字（$i=0$），然后把它分开。此时，码本包含两个元素：一个是 $i=0$，另一个是 $i=1$，也就是码本是按照 $M=2$ 的训练序列设计的。该码本的两个码字再分别分为两个，然后码本中有 4 个码字。重复这一过程，直到获得了所需的 M 个码字的初始码本。分割方法得到的初始码本使矢量量化器具有更好的码本性能。因此，随着码本中码字的增加，该方法的计算量也迅速增加。

6.4　矢量量化方法分类

由于不同类型的数据有不同的结构，因此有许多不同的方法来设计矢量量化器。与标量量化相比，矢量量化可以获得显著的编码增益，但代价很高。矢量量化实现中存在一些问

题，例如码本搜索过程复杂，计算量大。码本太大，会影响存储消耗；码本训练过程复杂，影响训练的复杂性；其他问题，如码字向量的选择和失真准则。快速码本搜索算法在矢量量化设计中也很重要。对于传统的矢量量化，码本内存和编码复杂度与矢量维数和比特率呈指数关系。可以考虑使用各种结构化矢量量化（如多级矢量量化、分裂矢量量化）来牺牲一点性能优势，从而大大减少内存和复杂性。

矢量量化方法有许多变体。全搜索矢量量化是一种基于 LBG 算法的原始矢量量化方法。对于每个输入向量，将其与每个码本中码字的失真进行比较，并使用失真最小的码字标签作为输出。全搜索矢量量化需要大量计算，下面主要介绍几种结构化矢量量化方法，如二叉树矢量量化（tree – structured VQ）、分裂矢量量化（split VQ）和多级矢量量化（multi – stage VQ）。其他方法，如增益形状矢量量化（Gain – Shape VQ）和去平均矢量量化（Mean – Removed VQ）属于乘积矢量量化方法。

6.4.1 二叉树矢量量化

当使用矢量量化进行解码时，对于每个矢量都需要搜索以获取其码字或标签。一般来说，需要搜索每个中心，这样的全面搜索需要很长时间。如果可以创建一个码本树并保留所有级别的码字，那么搜索就会很容易，不过这样带来的代价大约是两倍的存储量。图 6 – 4 中显示了二叉树矢量量化方法。码本大小为 $M = 8$ 的二叉树，其码本总共包含 14 个码字（包括中间级别的 6 个和最终级别的 8 个）。输入信号矢量为 X，首先将其与 Y_0 和 Y_1 进行比较，以计算失真 $d(X, Y_0)$ 和 $d(X, Y_1)$。如果后者较小，则采用相应的继续下面的分支并同时发送"1"输出。同样，如果搜索过程最终达到 Y_{101}，发送到传输通道的输出索引则为 101。此过程属于二叉树矢量量化过程。

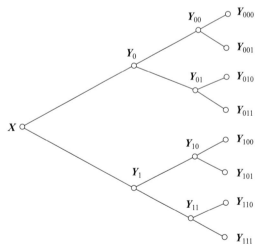

图 6 – 4 二叉树矢量量化方法

6.4.2 分裂矢量量化

分裂矢量量化是为了减少码本存储和搜索计算量。首先，将 K 维向量划分为 P 个子向量（$P > 1$），然后对每个子向量执行矢量量化。例如在实际的矢量量化系统中，20 bit 用于量化 10 维 LSF 线谱频率参数，如图 6 - 5 中所示的矢量 **X**。如果使用全搜索方案，码本容量将达到 $2^{20} \times 10$。无论是从码本的存储容量还是搜索计算量来看，在现有硬件条件下很难实时实现。如果使用分裂矢量量化算法，则将十维 LSF 矢量分割为两个五维矢量，并分别用 10 bit 进行矢量量化，从而使码本容量减少到 $2 \times 2^{10} \times 5$。

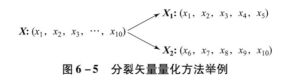

图 6 - 5　分裂矢量量化方法举例

6.4.3　多级矢量量化

多级矢量量化将分几个阶段（几级）对输入矢量进行量化（图 6 - 6）。对于每个阶段，输入矢量和输出矢量之间的差异会产生错误矢量，该错误矢量将在下一阶段使用另一个矢量量化器进行量化。每一个阶段都有自己的码本。

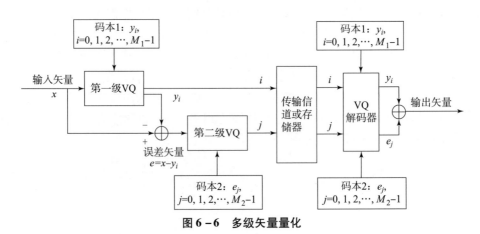

图 6 - 6　多级矢量量化

多级矢量量化可以大大降低矢量量化器的计算复杂度和存储容量。例如，20 bit 用于量化十维 LSF 参数。可以设计一个三级矢量量化器，每级分别有 7 bit、7 bit 和 6 bit，则码本容量为 $(2^7 + 2^7 + 2^6) \times 10$。与分裂矢量量化相比，存储容量减少了 60%，相应的搜索计算也大大减少。在相同比特率下，多级矢量量化的合成语音质量基本上等同于分裂矢量量化的语音质量。多级矢量量化系统在减少搜索计算量和减少码本存储量方面取得了显著改进。

此外，矢量量化方法也可分为无记忆矢量量化（Memoryless VQ）和有记忆矢量量化（Memory VQ）。对于无记忆矢量量化，量化器的每个矢量在该量化之前不依赖于其他矢量，即每个输入矢量被独立量化。结构化矢量量化和乘积矢量量化属于无记忆矢量量化。有记忆矢量量化意味着量化每个输入矢量时，它不仅与矢量本身相关，还与前一个矢量相关。量化时，它通过记忆和矢量之间的相关性来利用过去输入矢量的信息，从而提高矢量量化的性能。有记忆矢量量化有两种方法：

（1）反馈矢量量化（Feedback VQ），它包括预测矢量量化（Predictive VQ）和有限状态矢量量化（Finite state VQ）。与一般矢量量化器相比，预测矢量量化充分利用了相邻矢量之间的相关特性，并使用预测方法去除冗余码字，从而确保解码信号的质量与一般矢量量化的质量相当。有限状态矢量量化包含 N 个有限状态。每个状态都有一个矢量量化编码器、一个矢量量化解码器和一个码本。编码时，除了输出码本中失真最小的码字索引外，还给出下一个状态。换言之，根据先前状态和先前编码结果确定每个编码和量化的状态。

（2）自适应矢量量化（Adaptive VQ），它使用多个码本，在量化过程中根据输入矢量的不同特性选择不同的码本。

第 7 章

隐马尔可夫模型

7.1　隐马尔可夫模型的前期知识

隐马尔可夫模型（Hidden Markov Model，HMM）作为一种统计分析模型，于 20 世纪 70 年代提出，并在 20 世纪 80 年代得到了推广和发展，成为信号处理的一个重要方向，已成功应用于语音识别、语音合成、行为识别、文本识别和故障诊断等领域。在研究 HMM 技术之前，需要了解一些前期知识，包括贝叶斯理论和马尔可夫过程。贝叶斯理论也称贝叶斯准则，是统计学的基本工具。当无法准确知道事件的结果或性质（例如分类、预测问题）时，可以观察到与事件相关的特定表征，并根据事件的发生情况判断其基本属性的概率。贝叶斯准则可以用数学表达式（7-1）表示，在观测 O 下 c_i 的后验概率 $P(c_i|O)$ 等于似然度 $P(O|c_i)$ 乘以先验概率 $P(c_i)$，再除以标准化常数 $P(O)$，即后验概率与"先验概率和似然度的乘积"成正比。例如，在分类问题中，后验概率是第 i 类在观测 O 下的概率。在使用贝叶斯准则之前，应首先给出第 i 类的先验概率。似然度就是已知分类时观察到 O 的条件概率。从式（7-1）可以看出，如果观察者对于 c_i 的条件概率大于某一阈值，则将观察者分类为 c_i 类。

$$P(c_i|O) = \frac{P(O|c_i)P(c_i)}{P(O)} \tag{7-1}$$

在数学和物理学中，确定性（Deterministic）系统是指在系统未来状态的发展中不涉及随机性的系统，因此，确定性模型将始终从给定的启动条件或初始状态产生相同的输出。在系统的各种因素中，不能用一定数量来描述的系统或呈现不确定信息的系统称为不确定（Non-deterministic）系统。

在确定性系统中，典型的一个例子就是红绿灯。假设交通灯序列可能是如图 7-1 的红灯→红灯/黄灯→绿灯→黄灯→红灯，把此序列绘制为状态机，不同的状态相互交替。每个状态仅取决于前一个状态，且当前一个状态确定时，下一个状态也是确定的。如果当前为绿灯，则下一个为黄灯。这是一个确定性系统，因此只要知道这些状态转换的顺序就很容易理解和分析系统。

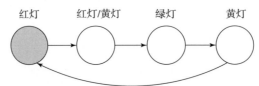

图 7-1　确定系统红绿灯示意图

实际中存在许多不确定系统，典型的一个例子是天气预报。我们希望根据目前的天气状况预测未来的天气状况。与上面的红绿灯示例不同，此时不能依赖现有知识来确定天气条件的变化。这里将使用天气模型，假设为：这个模型的每个状态都只取决于之前的状态，这个假设称为马尔可夫假设，在已知前一个状态的条件下，后一个状态是否发生是有一定的概率。这种简化的系统尽管不是很准确，但使我们能够获得一些有用的信息。所有可以用这种方式描述的系统都是马尔可夫过程（Markov process）。

马尔可夫是苏联的数学家，在概率论、数论、函数逼近理论和微分方程方面取得了很多成就。马尔可夫最重要的工作是在 1906—1912 年，他提出并研究了一个通用方案，该方案可用于通过数学分析方法研究自然过程，即马尔可夫链（Markov chains）。马尔可夫过程是数学上具有马尔可夫性质的离散随机过程，是一个模型化的随机过程。如果一个过程的未来只取决于现在而不是过去，那么这个过程具有马尔可夫特性，或者这个过程被称为马尔可夫过程，它是一个被建模的随机过程。经过深入研究，马尔可夫指出：对于一个系统，在从一个状态到另一个状态转移的过程中，存在一个转移概率（transition probability），可以根据前一个状态来计算。转移概率与系统的初始状态和转移前的马尔可夫过程无关。具有离散时间和状态的马尔可夫过程称为马尔可夫链。马尔可夫链可以用一系列离散状态 X_n 表示 $\{X_n = X(n)$，$n = 0，1，2，\cdots\}$，它们是在离散时间集 $T_n = \{0，1，2，\cdots\}$ 中观察离散状态的结果。马尔可夫链的状态空间可以写为 $I = \{a_1，a_2，\cdots\}$，$a_i \in R$。如式（7-2）所示，条件概率 P_{ij} 是当马尔可夫链在时间 m 处于状态 a_i 时，状态 a_j 在时间 $m + n$ 的转移概率，即

$$P_{ij}(m，m+n) = P\{X_{m+n} = a_j \mid X_m = a_i\} \tag{7-2}$$

在隐马尔可夫模型中，"转移概率矩阵"是一个关键信息。考虑一阶马尔可夫过程，其中每个状态的转移仅依赖于前一个状态，如图 7-2 所示，天气预报问题包含 3 种状态：晴朗、多云和多雨。

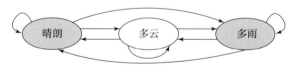

图 7-2　马尔可夫过程天气预报问题示意图

初始向量 $\{1.0，0.0，0.0\}$ 定义了时间为 0 时系统状态 $\{$晴朗，多云，多雨$\}$ 的概率。转移概率矩阵显示了天气状态转移的概率。如表 7-1 所示，矩阵中的每个值都是一种天气状态到另一种天气状况的概率。例如，如果昨天是晴天，今天是晴天的概率是 0.5，多云的概率是 0.375。需要注意的是，每行的概率之和是 1。要初始化这样的系统，就需要确定最开始那天的天气（或可能的）条件，并将其定义为初始概率向量，也称初始向量。

表 7-1　天气预报系统的转移概率矩阵示例

天气状态	晴朗	多云	多雨
晴朗	0.5	0.25	0.25
多云	0.375	0.25	0.375
多雨	0.25	0.125	0.625

马尔可夫模型表示观测序列的联合概率分布，即

$$p(x_1, x_2, \cdots, x_N) = p(x_1) \prod_{n=2}^{N} p(x_n \mid x_1, \cdots, x_{n-1}) \tag{7-3}$$

如果 x_n 的条件概率仅与先前状态 x_{n-1} 相关，那么可以使用一阶马尔可夫链来定义 n 阶观测序列的联合概率，即

$$p(x_1, x_2, \cdots, x_N) = p(x_1) \sum_{n=2}^{N} p(x_n \mid x_{n-1}) \tag{7-4}$$

如果条件概率与前两个状态相关，则存在二阶马尔可夫链。

7.2 隐马尔可夫模型的基本概念

在某些情况下，马尔可夫过程不足以描述希望发现的模式。例如，有时天气可能无法直观地观察到，但民间传说告诉我们，海藻的状态在一定程度上与天气有关（如湿润的海藻意味着雨天，干燥的海藻意味着晴天）。这种情况下有两组状态：一组是可观察状态（海藻状态），一组是隐藏状态（天气状态）。此时，我们希望找到一种基于海藻状况和马尔可夫假设的天气预测算法。

另外一个更现实的例子是语音识别。我们听到的声音是声带、喉咙和其他发音器官相互作用的结果。这些因素相互作用，共同决定每个单词的发音。语音识别系统检测到的声音（可观察状态）是由人体的各种物理变化产生的（隐藏状态，一个人真正想表达的内容的延伸）。一些语音识别系统将内部发音机制视为一个隐藏的状态序列，并将最终语音视为一系列与隐藏状态序列非常相关的可观察状态序列。

这种预测或识别任务包含两种状态：可观察状态（observable state），隐藏状态（hidden state），不能用一般的隐马尔可夫模型来描述。我们可以使用隐马尔可夫模型来解决此类问题。对于天气预报的例子，可以根据基于隐马尔可夫模型的观测序列（海藻状态）找到最可能的隐藏状态序列（天气状态）。对于语音识别的例子，可以根据可观测到的声音信号基于隐马尔可夫模型找到最可能的发音内容（例如音素）。

隐马尔可夫模型是一种统计马尔可夫模型，其中被建模的系统假定为具有未观察（隐藏）状态的马尔可夫链。隐马尔可夫模型最早的应用之一是始于 20 世纪 70 年代中期的语音识别。如今，许多语音识别方案都使用或者融合了隐马尔可夫模型。

在简单的马尔可夫模型（如马尔可夫链）中，状态对观测者是直接可见的，因此状态转移概率是唯一的参数。在隐马尔可夫模型中，状态不是直接可见或不确定的，但依赖于状态的输出是可见的，这将通过观测序列的随机过程来表示。每个状态在可能的输出符号上都有一个概率分布。因此，隐马尔可夫模型生成的符号序列提供了有关状态序列的一些信息。形容词"隐藏的（hidden）"指的是模型通过的状态序列，而不是模型的参数；即使这些参数已知，该模型仍被称为隐马尔可夫模型。观察到的符号序列是从某个初始状态开始，以概率方式从一个状态转移到另一个状态，直到达到某个终止状态，然后从经过的每个状态发出可观察的符号。状态序列是一个一阶马尔可夫链，这种状态序列是隐藏的，只有它发出的符号序列是可观察的，因此称为隐马尔可夫模型。

隐马尔可夫模型也是一种关于时间序列的概率模型。该模型有一个马尔可夫链来生成一个隐藏的状态序列，然后通过每个状态生成一个观察序列。图 7-3 显示了一个隐马尔可夫

过程，其中 s 是隐藏状态，y 是观察值。

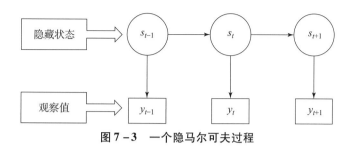

图 7 - 3　一个隐马尔可夫过程

隐马尔可夫模型是一个双重随机过程，其一就是马尔可夫链（在实际应用中，它的每一个状态都表示一个可观测到的物理事件）是基本的随机过程，描述了状态的转移；另外一个随机过程描述状态和观察值之间的统计对应关系。这样从外界看来，这个过程是随机的、不可见的，因此，被称为隐马尔可夫模型。

一个隐马尔可夫模型可以由以下参数描述：

（1）N：模型中马尔可夫链状态数目。记 N 个状态为 s_1，s_2，$\cdots$，s_N，记 t 时刻马尔可夫链所处状态为 q_t，显然，$q_t \in (s_1, s_2, \cdots, s_N)$。

（2）M：每个状态对应的可能的观察数目。记 M 个观察值为 o_1，o_2，$\cdots$，o_M，记 t 时刻观察到的观察值为 o_t，其中 $o_t \in (o_1, o_2, \cdots, o_M)$。

（3）π：初始状态概率，$\pi = (\pi_1, \pi_2, \cdots, \pi_N)$，式中 $\pi_i = P(q_i = s_i)$，$1 < i < N$。

（4）A：状态转移概率矩阵，$(a_{ij})_{N \times N}$，式中 $a_{ij} = P(q_{t+1} = s_j \mid q_t = s_i)$，$1 < i, j < N$。

（5）B：观察值概率矩阵，$(b_{jk})_{N \times M}$，式中 $b_{jk} = P(o_t = o_k \mid q_t = s_j)$，$1 < j < N$，$1 < k < M$。

隐马尔可夫模型可以用这些参数表示：$\lambda = (N, M, \pi, A, B)$，或简写成 $\lambda = (\pi, A, B)$。很容易可以看出来隐马尔可夫模型分为两部分：一部分是马尔可夫链，由 A 描述，产生的输出为状态序列；另一部分是一个随机过程，由 B 描述，产生的输出为观察值序列。

如图 7 - 4 所示，隐马尔可夫模型的结构可以用一组状态 q_t 和输出观测序列 o_t 的通用马尔可夫模型表示。转移概率：$A = \{a_{ij}\}$。每个 a_{ij} 表示从状态 s_i 过渡到 s_j 的概率。输出概率：$B = \{b_i(o_t)\}$，b_i 是状态 s_i 的观测概率。初始状态分布 π_i 是 s_i 成为起始状态的概率。

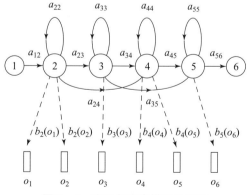

图 7 - 4　隐马尔可夫模型的结构

7.3 隐马尔可夫模型的 3 个基本问题

隐马尔可夫模型在实际应用中可以解决 3 个基本问题。

（1）评估（Evaluation）问题（也称评分 Scoring 问题）是计算一个观测序列的概率，该概率可以通过前向—后向（Forward – Backward）算法求解。

问题 1：给定观测序列 $O = o_1, o_2, \cdots, o_T$ 和模型 $\lambda = (\pi, A, B)$，如何快速有效地计算观测序列的输出概率 $P(O \mid \lambda)$？可以将此问题视为给定模型与给定观测序列之间的匹配程度。

（2）译码（Decoding）问题（也称匹配 Matching 问题）是求取最大似然状态序列，该序列可用维特比（Viterbi）算法求解。解码问题对应语音识别任务。

问题 2：给定观测序列 $O = o_1, o_2, \cdots, o_T$ 和模型 $\lambda = (\pi, A, B)$，如何有效地确定与之对应的最有可能的状态序列 $S = s_1, s_2, \cdots, s_N$。

（3）学习（Learning）问题（也称训练 Training 问题）是估算隐马尔可夫模型参数，可通过 Baum – Welch 算法解决。

问题 3：给定模型观测序列 $O = o_1, o_2, \cdots, o_T$ 和初始模型 λ，怎样调整或者估计模型参数使得条件概率 $P(O \mid \lambda)$ 最大？

隐马尔可夫模型的 3 个基本问题涉及前向 – 后向算法、维特比算法和鲍姆—韦尔奇算法。下面逐一进行 3 个问题的求解算法说明。

（1）对于问题 1（评估），观测序列的概率是隐马尔可夫模型中所有可能状态序列的概率之和，计算复杂度较大。给定 T 个观测值和 N 个状态，就有 N^T 个可能状态序列。即使是很小的隐马尔可夫模型，例如 $T = 10$ 和 $N = 10$，也包含 100 亿条不同的路径。更有效的方法是使用前向算法和后向算法。

前向概率：给定隐马尔可夫模型 λ 的在时间 t，状态为 s_i，生成了部分观测值 $o_1, o_2, \cdots, o_t$。时间 t 之前部分观测序列的概率可以定义前向变量（或前向概率）：

$$\alpha_t(i) = P(o_1 \cdots o_t, q_t = s_i \mid \lambda) \qquad (7-5)$$

可以用动态规划（Dynamic Programming，DP）多阶段决策思想递归求解前向概率 $\alpha_t(i)$，用递归方法寻找最优路径。

前向算法有 3 个步骤：

第一步是前向概率 $\alpha_t(i)$ 的初始化：

$$\alpha_1(i) = \pi_i b_i(o_1), 1 \leq i \leq N \qquad (7-6)$$

第二步是对 $\alpha_t(i)$ 的归纳，它是在某种中间状态下的部分概率：

$$\alpha_t(j) = \left[\sum_{i=1}^{N} \alpha_{t-1}(i) a_{ij} \right] b_j(o_t), 2 \leq t \leq T, 1 \leq j \leq N \qquad (7-7)$$

第三步是到达 T 时刻终止，以获得条件概率 $P(O \mid \lambda)$：

$$P(O \mid \lambda) = \sum_{i=1}^{N} \alpha_T(i) \qquad (7-8)$$

我们会发现前向算法计算前向概率 $\alpha_t(i)$ 所涉及的计算量 $O(TN^2)$ 要比遍历所有可能状态的情况 $O(TN^T)$ 要小很多。

后向概率：还可以用另一种方法来解决评估问题，在另一个方向上进行概率计算，也就是后向概率计算。给定隐马尔可夫模型 λ，给定时间 t 的状态 s_i，生成部分观测值 o_{t+1}，$\cdots$，o_T 的概率称为后向变量（或后向概率）。同样，可以递归地求解 $\beta_t(i)$：

$$\beta_t(i) = P(o_{t+1}\cdots o_T \mid q_t = s_i, \lambda) \tag{7-9}$$

后向算法的初衷是使该过程适用于 $t = t - 1$，在第一步的初始化步骤中，任意地将 $\beta_T(i)$ 定义为 1：

$$\beta_T(i) = 1, 1 \leqslant i \leqslant N \tag{7-10}$$

则中间过程的部分概率重新定义为

$$\beta_t(i) = \Big[\sum_{j=1}^{N} a_{ij} b_j(o_{t+1}) \beta_{t+1}(j) \Big], t = T-1, \cdots, 1, 1 \leqslant i \leqslant N \tag{7-11}$$

然后进行后向递归，直到到达终止，从而得到概率 $P(O \mid \lambda)$，即

$$P(O \mid \lambda) = \sum_{i=1}^{N} \pi_i \beta_1(i) \tag{7-12}$$

后向算法计算过程与前向算法需要的计算量一样。

（2）下面讨论问题 2（译码）的解决方案。问题 1（评估）的解决方案有效地提供了通过隐马尔可夫模型的所有可能路径的总和。对于问题 2（译码），希望找到概率（似然度）最大的那条路径，即

$$S = \underset{S'}{\mathrm{argmax}} P(S' \mid O, \lambda) \tag{7-13}$$

研究者基于动态规划方法提出一种找到该状态序列的算法，称为维特比算法。维特比算法的目的是根据给定的观测状态序列找到最可能的隐藏状态序列。与计算前向概率类似，但这里计算的是最大值，而不是对来自输入状态的转移概率进行求和。在维特比递归中，定义了一个变量 $\delta_t(j)$，它是沿路径的最大概率。我们要寻找的是由时间 t 的最大 $\delta_t(j)$ 表示的状态序列。

后向算法同样也有 3 个步骤（初始化、递归、终止）来跟踪使 $\delta_t(j)$ 最大化的参数：

初始化：

$$\delta_1(i) = \pi_i b_j(o_1), 1 \leqslant i \leqslant N \tag{7-14}$$

递归：

$$\delta_t(j) = \Big[\max_{1 \leqslant i \leqslant N} \delta_{t-1}(i) \alpha_{ij} \Big] b_j(o_t) \tag{7-15}$$

$$\psi_t(j) = \Big[\underset{1 \leqslant i \leqslant N}{\mathrm{argmax}} \delta_{t-1}(i) \alpha_{ij} \Big], 2 \leqslant t \leqslant T, 1 \leqslant j \leqslant N \tag{7-16}$$

终止：

$$s_T^* = \underset{1 \leqslant i \leqslant N}{\mathrm{argmax}} \delta_T(i) \tag{7-17}$$

反向指针 $\psi_t(j)$ 用于记录每个状态下最优路径的先前状态。最后，通过反向读取路径以获得隐藏状态序列：

$$s_t^* = \psi_{t+1}(s_{t+1}^*), t = T-1, \cdots, 1 \tag{7-18}$$

（3）问题 3（训练）是隐马尔可夫模型应用中最重要的问题之一，因为它允许以最佳方式调整模型参数以适应训练数据，这些数据可以之后用于预测和分类。我们希望最大化训练数据的参数，也就是说，正在寻找一个模型 λ'，以便可以达到最大条件概率 $P(O \mid \lambda)$。与上述两个问题不同，没有可解析的方法来找到全局最大值。但是，使用迭代方法可以找到局部最大值，这称为隐马尔可夫模型的鲍姆—韦尔奇算法，或者在更一般的情况下称为期望最大化（Expectation - Maximization，EM）算法。还有其他训练方法，例如梯度下降。这里

介绍最常用的迭代方法。

鲍姆—韦尔奇算法是一种爬山（hill – climbing）算法，使用初始参数实例并基于前向后过程的组合，前向—后向算法迭代地重新估计参数，并提高新参数生成给定观测值的概率。这个算法过程需要重新估计 3 个参数：初始状态分布 π_i，转移概率 a_{ij}，输出/发射概率 $b_i(o_t)$。

为了描述该过程，首先定义给定的当前模型 λ 和完整观测序列 O，那么在时间 t 处于状态 s_i，在时间 $t+1$ 进入状态 s_j 的概率可以用式（7 – 19）表示：

$$\xi_t(i,j) = P(q_t = s_i, q_{t+1} = s_j \mid O, \lambda) \tag{7 – 19}$$

它是根据前向概率 $\alpha_t(i)$、后向概率 $\beta_t(i)$ 和转移概率 a_{ij} 计算得到的，如式（7 – 20）：

$$\xi_t(i,j) = \frac{\alpha_t(i)\alpha_{ij}b_j(o_{t+1})\beta_{t+1}(j)}{\sum_{i=1}^{N}\sum_{j=1}^{N}\alpha_t(i)\alpha_{ij}b_j(o_{t+1})\beta_{t+1}(j)} \tag{7 – 20}$$

此外，定义给定完整观测值 O 的情况下，在时间 t 处于状态 s_i 的概率，它只是所有包含状态 j 的 $\xi_t(i,j)$ 的总和，如式（7 – 21）：

$$\gamma_t(i) = \sum_{j=1}^{N}\xi_t(i,j) \tag{7 – 21}$$

转移概率 a_{ij} 的重新估计方法直觉含义是从状态 s_i 到状态 s_j 的预期转移数除以状态 s_i 的所有预期转移数。因此，我们得到时间 t 的转移概率 α_{ij} 重新估计的计算式（7 – 22）：

$$\hat{a}_{ij} = \frac{\sum_{t=1}^{T-1}\xi_t(i,j)}{\sum_{t=1}^{T-1}\sum_{j'=1}^{N}\xi_t(i,j')} = \frac{\sum_{t=1}^{T-1}\xi_t(i,j)}{\sum_{t=1}^{T-1}\gamma_t(i)} \tag{7 – 22}$$

初始状态分布 π_i 是 s_i 为起始状态的概率。重新估计初始状态概率很容易表示为时间为 1 时状态 s_i 的预期转移数，其形式为

$$\hat{\pi}_i = \gamma_1(t) \tag{7 – 23}$$

输出概率 $b_i(k)$ 的重新估计过程则为状态 s_i 且观察符号为 v_k 时的预期转移数除以状态 s_i 的所有预期转移数。其形式见式（7 – 24），$b_i(k)$ 可以基于 $\gamma_t(i)$ 计算，即

$$\hat{b}_i(k) = \frac{\sum_{t=1}^{T}\delta(o_t, v_k)\gamma_t(i)}{\sum_{t=1}^{T}\gamma_t(i)} \tag{7 – 24}$$

式中，δ 为克罗内克函数，用于指示输出是否为观察符号，这与维特比算法讨论中的 δ 无关。$\delta(o_t, v_k) = 1, \text{if } o_t = v_k, \text{and } 0 \text{ otherwise.}$

鲍姆—韦尔奇算法是更通用的期望最大化（EM）算法的一个实例。根据以下更新规则，从 $\lambda = (\pi, A, B)$ 最终得到 $\lambda' = (\pi', A', B')$。

E 步骤：计算给定隐马尔可夫模型的前向和后向概率。

M 步骤：根据式（7 – 22）、式（7 – 23）、式（7 – 24）重新估计模型参数。

E 和 M 这两步重复进行，直到收敛得到条件概率最大的模型参数。

$$\lambda' = \underset{\lambda}{\arg\max} P(O \mid \lambda) \tag{7 – 25}$$

7.4　隐马尔可夫模型的特性和类型

这一节将介绍隐马尔可夫模型的一些特性和不同类型的隐马尔可夫模型。隐马尔可夫模型有两个要点，评估和解码过程的目的是在给定模型 λ 和观测值 O 时，找到条件概率 P（$O\mid\lambda$）和可能的隐藏状态。这类过程属于推理，可以用动态规划（DP）算法处理。当给定观测值 O 时，学习过程旨在估计模型 λ，属于参数估计，可以用期望最大（EM）算法处理。DP 和 EM 是隐马尔可夫模型中两个主要算法，本质上隐马尔可夫模型是一个生成模型。

隐马尔可夫模型参数学习方法可以是有监督学习或无监督学习。在有监督学习中，训练数据包括观察序列和状态序列。有监督的隐马尔可夫模型的学习过程比较简单。考虑到手动标记训练数据通常代价较高，可以使用无监督学习，其中训练数据只有观察序列。在无标签条件下，隐马尔可夫模型学习需要使用 EM 算法（包括两个步骤：E 步骤和 M 步骤）。由于给定数据中存在尚未观察到的隐藏数据，因此有必要猜测隐藏数据，然后找到模型参数。

隐马尔可夫模型的训练有多种优化准则，如最大似然、最大互信息、最小鉴别信息、最小后验误差（也称鉴别训练）和最大后验误差。在训练隐马尔可夫模型时，可以在不同的条件下选择不同的准则。例如，当分布中存在冗余参数或丢失数据时，很难获得最大似然估计（Maximum Likelihood Estimation，MLE）。因此，研究人员提出了 EM 算法，旨在将 MLE 的过程分为两个步骤：第一步是找到期望值，即 E 步骤，以去除冗余部分；第二步是找到最大值，即 M 步骤。EM 算法是在 MLE 基础上改进的一种迭代算法。

根据不同的转移概率矩阵，隐马尔可夫模型中可以使用几种马尔可夫链。之前假设了最一般的情况：一个完全连接的隐马尔可夫模型，其中马尔可夫链条的每个状态都可以通过有限的步骤从每个其他状态到达。对于某些应用，我们将使用一些特殊类型的隐马尔可夫模型。图 7-5 展示了一些典型的马尔可夫链形状。图 7-5（a）是转移概率矩阵无零值的马尔可夫链。图 7-5（b）是转移概率矩阵有零值的马尔可夫链。图 7-5（c）和图 7-5（d）是两条自左向右形式的马尔可夫链。其中状态索引只能随着时间的推移而增加或保持不变。

根据观测概率的不同，隐马尔可夫模型可分为 3 类：离散隐马尔可夫模型（DHMM，Discrete HMM）、连续密度隐马尔可夫模型（CDHMM，Continuous Density HMM）和半连续隐马尔可夫模型（SCHMM，Semi-Continuous HMM）。对于离散隐马尔可夫模型，每个状态的输出概率根据观测符号呈离散分布。输出符号根据一定的离散概率分布从有限的离散符号集中选择。在语音处理中，通常使用矢量量化（VQ）将每个语音特征矢量转换为码字形式。输出概率是在码字上进行的，码字可视为离散符号集。离散隐马尔可夫模型量化误差会影响识别率，但计算量小。高斯混合密度连续密度隐马尔可夫模型（GMD-CDHMM，Gaussian Mixture Density-Continuous Density HMM）是语音识别中常用的一种连续密度隐马尔可夫模型。输出概率是概率密度，而不是矩阵。观测矢量的概率分布用高斯混合密度（GMD）描述。当混合数足够大时，GMD 可以更准确地描述特征向量的概率密度，并且可以用 EM 算法估计概率密度。半连续隐马尔可夫模型结合了离散隐马尔可夫模型和连续隐马尔可夫模型的优点，相当于 DHMM 和 CDHMM 的混合。状态输出的特征向量是连续的，多个高斯分布的加权和也用于近似概率分布函数，但用于加权和的高斯函数集是固定的，类似高斯

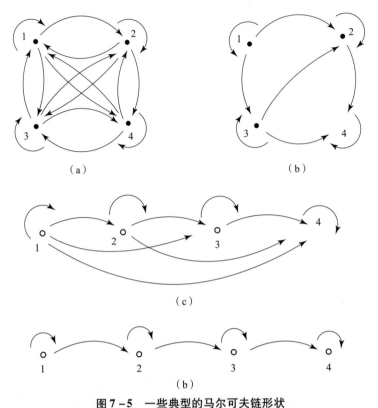

图 7-5　一些典型的马尔可夫链形状

（a）转移概率矩阵无零值的马尔克夫链；（b）转移概率有零值的马尔可夫链；

（c）（d）自左向右形式的马尔可夫链

密度函数的码本的建立，每个状态的输出概率密度之差是码本中每个高斯密度函数的加权系数。

隐马尔可夫模型可以应用于许多领域，其目标是找到不能立即观察到的数据序列（但依赖于序列的其他数据是可见的）。在人—机交互中，常见的用途包括语音识别、合成和标记、自然语言处理、机器翻译、手写识别、时间序列分析、活动识别、序列分类等。在语音识别应用中，隐马尔可夫模型的问题是如何通过给定的语音信号预测原始文本信息。这里，声音信号是观察状态，识别的文本（音素/音节/单词）是隐藏状态，语音合成是语音识别的逆过程。在手写识别的应用中，观察到的是图像或笔画序列，隐藏状态是手写的单词。文本挖掘包括不同的研究点，如信息提取、文本分类、文本聚类、文本压缩和文本处理（如关联规则）等。在信息提取的应用中，观察结果是单词序列，隐藏状态是单词标签。在手势识别应用中，观察值是表示手运动的单个或多个数据序列（如传感器读数），隐藏状态是手势标签。

第 8 章

语音编码

8.1 语音编码概述

语音编码技术是伴随着语音的数字化而产生的，主要应用在数字语音通信和数字语音存储两个领域。由于简单地由连续语音信号抽样量化得到的数字语音信号，在传输和存储时要占用较多的信道资源和存储空间，因此，尽管高带宽信道和网络（如光纤网）的应用日益广泛，但在有限带宽资源下用于降低比特率的技术仍然很重要。如何在尽量减少失真的情况下高效率地对语音信号进行数字表达（即压缩编码），就成为语音编码技术的主要内容。实际上，语音信号中含有大量的冗余信息，可以采用各种信源编码技术减少其冗余度，并充分利用人耳的听觉掩蔽效应压缩与听觉无关的成分，就可以将其比特率压缩到很低，而仍能恢复出可懂度甚至自然度很好的语音。一个极端的例子是，当比特率由普通数字电话的 64 kbp/s（bp/s：比特每秒）压缩到 150 bp/s 时（即压缩效率提高 400 多倍），仍能提供可懂的语音。

语音通信是人类通信最基本、最重要的方式之一。语音信号的数字化传输和存储，在可靠性、抗干扰能力、快速交换等方面远胜于模拟化，且灵活方便，易于保密，价格低廉，所以数字化语音在通信系统中所占比重越来越大。语音编码是数字语音通信中的一项重要技术，为了使同样的信道容量能传输更多路的语音信号和节省存储空间，语音编码技术随着通信技术的发展也取得了很大的进展，并广泛应用于短波、超短波、地面微波和卫星通信系统中。随着军事通信、移动通信和互联网的飞速发展，语音通信技术也在不断地进行更新，有时也会采用信源和信道联合编码的方式来达到传输系统的最优。特别是自 20 世纪末以来，短短二三十年中，产生了许多语音编码标准，超过了过去许多年的工作。作为数字语音通信过程中的重要组成部分，语音编码的发展主要有下面两个大的方向：低速率语音编码和变速率语音编码。

一个方向是语音编码进一步低速率化。在现代通信中，信道利用的有效性和经济性仍是研究的重要目标，低速率语音编码技术是语音通信中不可缺少的一个重要研究方向。低速率语音编码一般是指比特率低于 4.8 kbp/s 的语音编解码器，在保密通信、语音邮件、网络通信、IP 电话等领域有广泛的应用前景，特别是在信息化战场上的广泛应用，其中低于 2.4 kbp/s 甚至小于 1 kbp/s 的情况属于极低速率编码。

另一个方向是变速率语音编码，它是指在语音通信过程中，通信系统根据需要动态地调整语音编码速率，在合成语音质量和系统容量中取得灵活的折中，最大限度地发挥系统的效能。在以码分多址（Code Division Multiple Access，CDMA）为主的移动通信系统中，采用的变速率语音编码算法对于系统的容量和通话质量有非常重要的影响。随着技术的成熟，变速率语音编码的应用领域也越来越广阔，不仅限于移动通信系统，在 IP 电话、互联网和卫星通信中都有很好的应用前景。

从 1937 年脉冲编码调制（Pulse Code Modulation，PCM）理论的提出至今，语音编码已有 80 多年的发展历史。科研人员通过对人类发声机理和听觉机理、语音的声学特性和频谱特征等方面的深入研究，提出了源激励模型、码激励模型、线性预测、矢量量化、合成分析（综合分析）等关键技术，给语音编码技术带来一次次突破，陆续产生了波形编码、参数编码、混合编码、自适应多速率编码等各类编码方法。

语音编码是获得语音信号的紧凑表示过程，可以在带宽受限的有线和无线信道上有效传输或存储语音信息。"紧凑"不是一个简单的形容词，而是一个关键词。语音编码的目标是以尽可能少的比特数用数字形式表示语音，而不会失去语音的"可理解性"和"愉悦性"。语音编码技术应该在低比特率和语音质量之间折中。语音信息的数字传输过程首先从模拟语音转换为数字语音，然后压缩、存储或传输。

语音编解码器的主要功能是将用户语音的 PCM（脉冲编码调制）样本编码为少量比特流，以便相同信道容量可以传输更多语音信号并节省存储空间。语音解码器将比特流进行解码并恢复数字语音。如图 8-1 所示，有两种典型的语音编码应用，包括数字语音传输和数字语音存储（记录和回放）系统。

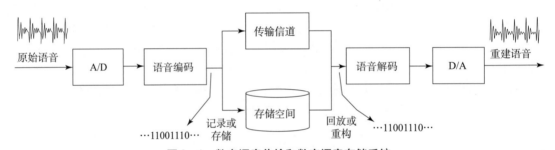

图 8-1　数字语音传输和数字语音存储系统

早期语音编码用于固定电话通信和第一代模拟无线通信。由于信道容量有限，语音编码效率低，在一条线路上传输的语音信道数量很少。语音压缩方面的许多后期工作都是出于对军用无线电数字通信安全的军事研究，在这种情况下，需要非常低的数据速率才能在敌对的无线电环境中有效运行。目前，语音编码的两个最重要的应用是移动电话和 IP 语音。在移动通信不断发展和广泛应用的推动下，语音编码技术得到了很大改进，以支持用户的指数增长，并确保更好的呼叫体验。

压缩和编码的目的是在保证一定音质的条件下，以最小的数据速率表达和传输声音信息。压缩和编码的必要性是：在实际应用中未压缩的声音数据量很大，但是传输信道或存储容量有限。需要注意的是：语音编码中采用的技术与音频数据压缩和音频编码中使用的技术有所不同，因为音频信号比语音信号有更高的带宽和更丰富的频谱成分。心理声学理论可以用于传输与人类听觉系统相关的数据，比如著名的 MP3 音频编解码器将音频信号转换到频域，并利用听觉掩蔽特性指导不同频带的比特分配，相比 CD 音质的文件压缩率可以达到 10∶1。通常，经过音频编码处理的信号带宽比语音编码的信号带宽要宽。本章只关注人类发声的语音编码的知识。

我们可以从语音链的声源（人类发声系统）和目的地（人类听觉系统）的角度分析语音压缩和编码的基础。语音信号本身具有统计冗余，包括语音信号幅度分布的不均匀性和语音信号样本之间的相关性。从统计角度来看，语音信号小幅度的概率大，大幅度的概率小，可以使用非均匀标量量化。短时帧的语音样本之间存在相关性，线性预测编码技术可以有效地表达短时频谱。语音信号是准周期的，可以使用长时预测来去除以基音周期为基础的长时相关性。另一方面，语音压缩可以利用人类听觉感知的特点。人耳的掩蔽效应可以使量化噪声被语音信号屏蔽。人耳具有有限的幅度分辨率，并且可以容忍某些量化失真。人耳对某些失真不敏感，可以允许一定的相位失真，因此可以应用有损压缩。在采用码激励线性预测（Code Excited Linear Prediction，CELP）方案的语音编解码器中，根据线性预测编码分析后的短时相关性去除原始语音信号的冗余，此时残差信号还具有准周期分量，可以根据线性预测编码预测之后残余信号的长时相关性再去除一些冗余。而预测残差非常小，可以从用少量比特表示的随机码本进行编码。这样就可以利用线性预测编码系数、基音周期、预测残差、增益等有限的参数来表示输入语音信号，从而达到信息压缩的目的。

8.2　语音编码分类

语音编码按编码后传输所需的数据速率来分，可以分为高速率（32 kbp/s 以上）、中高速率（16～32 kbp/s）、中速率（4.8～16 kbp/s）、低速率（1.2～4.8 kbp/s）和极低速率（1.2 kbp/s 以下）5 大类。按速率是否固定，语音编码又可分为固定速率（Fixed Bit Rate，FBR）语音编码和变速率（Variable Bit Rate，VBR）语音编码。传统的语音编码方式大都采用固定速率，即编码速率不变，而变速率语音编码可以从一系列预定的操作模式中选择最合适的模式和编码速率。原来的数字化传输系统中，通常要求语音编码器输出恒定速率的比特流，而现代通信和数字化存储的许多应用中，变速率输出以其灵活性和更高的编码效率大受青睐。

语音编码从信息论角度可以分为无损语音编码和有损语音编码两类。语音的无损编码指编码端对语音信号进行编码后，不考虑传输损失情况下，解码端能够毫无差错地恢复原始输入信息。这在某些领域有着非常重要的应用，如说话人身份识别，重要的声音数据保存等，比如熵编码（如霍夫曼编码）、整数变换等方法都可以获得无损压缩的效果。这些算法的目标都是直接去除信号中的冗余部分，但由于语音信号具有短时准周期性，直接利用它们难以取得较好的压缩效率。还有一些方法在有损编码的基础上进行增强，首先利用一种预测算法，从一定程度上降低原始语音信号的自相关度，然后对预测残差进行熵编码。无损压缩客观上不能达到很高的压缩效率，编码后的比特率通常会比较高，目前最好的平均压缩比率为4:1。当语音信号出现强噪声时，无损语音编码压缩率会下降。相对于无损压缩，有损情况下的语音编码的研究更为重要。有损语音编码的应用范围也比无损语音编码广得多，因此是语音编码研究的重点。本节的后续内容中，除非特别说明，语音编码就是指有损语音编码。

按压缩编码手段的不同，语音编码又分为 3 大类：波形编码、参数编码（声码器）和混合编码。

1. 波形编码

波形编码（Waveform Coding）技术以尽可能重构语音波形为原则进行数据压缩，即在编码端以波形逼近为原则对语音信号进行压缩编码，解码端根据这些编码数据恢复出语音信号的波形。波形编码具有语音质量好、抗噪性能强等优点，但其比特率很高，一般为16～64 kbps。

语音波形编码分为时域波形编码和频域波形编码。时域波形编码是应用最早的语音编码方法，包括脉冲编码调制（PCM）、自适应差分编码（Adaptive Differential Pulse Code Modulation，ADPCM）等。语音波形编码力图使合成语音与原始语音的波形误差最小。由于语音信号的全部信息都蕴含在原始波形里，所以这种编码方法的合成语音质量好，且适应能力强，抗信道干扰能力强，但是所需编码速率也较高，通常在16 kbps以上。20世纪70～80年代，随着数字信号处理技术的发展，频域波形编码得到了较大发展，包括子带编码（Sub Band Coding，SBC）、自适应变换编码（Adaptive Transform Coding，ATC）等。

国际电报电话咨询委员会（CCITT）现已并入ITU（International Telecommunication Union，国际电信联盟）。CCITT在1972年制定的G.711（64 kbps）编解码器标准采用PCM编码，1984年公布的G.721（32 kbps）采用ADPCM编码，均达到了公用电话网语音质量的要求。1990年，CCITT公布了G.726（40/32/24/16 kbps）标准，形成了一套完整速率的ADPCM算法。同年，为适应语音的包交换应用，CCITT通过了采用嵌入式（Embedded）ADPCM编码的G.727标准（16～40 kbps），允许解码器接收全部或部分编码比特时均能恢复语音信号。CCITT于1988年公布的G.722（64 kbps）是第一个宽带语音编码标准，采用了SB-ADPCM（Sub Band-ADPCM）技术。

2. 参数编码

与波形编码不同，参数编码（Parametric Coding）通常基于某种语音产生模型的假定，在编码端分析出该模型参数并选择适当的方式对其进行高效率的编码，解码端则利用这些参数和语音产生模型重新合成语音，力图使其具有尽可能高的可懂度，即保持原语音的语意，而重建信号的波形同原语音信号的波形可能会有相当大的差别。参数编码的优点是编码速率低，可以达到2.4 kbps以下，而它的主要问题是合成语音质量差，特别是自然度较低；而且对编码环境噪声较敏感，顽健性也不够好。语音参数编码又称模型编码，它模仿人类的发声过程，建立了一个由激励信号通过声道滤波器得到合成语音的声源滤波模型，编码端只需提取该模型的相关参数进行量化、编码，解码端将这些模型参数代入声源滤波模型即得到重建语音。与语音波形编码相比，参数编码可将编码速率压缩得很低，但合成语音质量较低。这种方法在低速率声码器中普遍采用，适用于窄带信道的语音通信，如军事通信、航空通信等。通道声码器、共振峰声码器以及线性预测声码器等都是典型的参数编码器。

最早出现的语音参数编解码器是1939年荷尔·杜德利（Homer Dudley）在贝尔实验室发明的通道声码器（Vocoder）。20世纪60年代，科研人员先后研究产生了共振峰声码器、LPC（Linear Predictive Coding）声码器、相位声码器和同态声码器等，其中LPC声码器因其成熟的算法和参数的精确估计成为研究的主流，并逐步走向实用。1982年，美国国家安全局公布了2.4 kbps的LPC-10声码器标准；1984年，美国国防部采用2.4 kbps的LPC-10e增强型声码器作为第三代保密电话标准。

另一类语音参数编码是基于正弦模型（Sinusoidal Model）的语音编码，多用于低速率的语音编码，如多带激励（Multi Band Excitation，MBE）编码。国际海事卫星组织于 1990 年公布了 4.15 kbps 改进型多带激励（Improved Multi Band Excitation，IMBE）语音编码标准。2001 年公布的 MPEG－4 标准中的 HVXC（Harmonic Vector eXcitation Coding）语音编解码器也采用了正弦参数编码技术。

3. 混合编码

20 世纪 80 年代后期，出现了语音混合编码（Hybird Coding）。它采用合成分析（Analysis－by－Synthesis）的思想，假定语音信号满足某种信号产生模型，并在编码端引入信号重建模块，按照重建波形信号与原始波形信号误差最小的原则提取模型参数，在解码端用模型参数按照假定模型重建语音信号。混合编码结合了参数编码和波形编码的优点，利用语音产生模型降低信号冗余，又能得到逼近原始信号波形的重建信号，因此混合编码能在较低的编码速率下获得较高的重建语音质量。混合编码是波形编码和参数编码两类方法的有机结合。与参数编码相同的是，混合编码也基于语音产生模型的假定并采用了分析与合成技术，但同时又利用了语音时间波形信息，增强了重建语音的自然度，使得语音质量有明显提高，其代价是编码速率相应上升，一般为 16～24 kbit/s。

早期的混合编码算法有多脉冲激励线性预测编码（Multi Pulse Linear Predictive Coding，MPLPC）和规则脉冲激励语音编码（Regular Pulse Excitation－Linear Predictive Coding，RPE－LPC）等。1985 年，施罗德（Schroeder）和阿拉尔（Aral）提出码激励线性预测编码（Code Excited Linear Prediction，CELP），利用矢量量化技术对激励信号进行编码。之后，基于 CELP 的语音编码成为主流。1989 年，摩托罗拉公司提出的 8 kbit/s 矢量和激励线性预测（Vector Sum Excited Linear Prediction，VSELP）编码成为北美数字蜂窝移动通信网的语音编码标准。CCITT 于 1993 年公布了采用低延迟码激励线性预测（Low Delay－Code Excited Linear Prediction，LD－CELP）算法的 G.728（16 kbit/s）标准。ITU－T 于 1996 年公布了采用共扼结构代数码本激励线性预测（Conjugate Structure－Algebraic Code Excited Linear Prediction，CS－ACELP）算法的 G.729（8 kbit/s）标准。后续 3GPP（第三代合作伙伴计划）移动通信标准组织制定的 GSMC（Global System for Mobile Communications，全球移动通信系统）、EFR（Enhanced Full Rate，增强型全速率）、HR（Half Rate，半速率）标准，3GPP2 EVRC（Enhanced Variable Rate Codec，增强型变速率）、QCELP（Qualcomm Code Excited Linear Prediction，高通码激励线性预测）、VMR－WB（Variable－Rate Multimode Wideband，变速率多模式宽带）标准，3GPP AMR－NB（Adaptive Multi Rate－NarrowBand，自适应多速率—窄带）、AMR－WB（Adaptive Multi Rate－WideBand，自适应多速率—宽带）标准的核心编码算法也都是基于 CELP。CELP 编码方案在 4.8～16 kbit/s 速率上取得了巨大成功，但是，当编码速率低于 4.8 kbit/s 时，编解码器性能会很快下降。

国际标准组织或者区域组织颁布了一些传统的语音编码标准。表 8－1 列出了一些固定比特率下的窄带语音编码算法，带宽范围为 0～4 kHz。例如，ITU－T G.711 是国际电信联盟制定的一种比特率为 64 kbit/s 的 PCM（脉冲编码调制）算法，通常用于电话通信。ITU－T G.729 使用一种叫作 CS－ACELP 的方法，将 PCM 信号的比特率压缩为 8 kbit/s。ITU－T G.729 的比特率远低于 G.711，而其语音质量与 G.728 相似。FS1016 是美国国防部提出的一种 4.8 kbit/s 基于 CELP 的低比特率语音编解码器，可以工作在较低的比特率下，但语音质量明显下降。目前小于 4 kbit/s 的低速率语音编码算法仍然是一种挑战。表 8 - 1 中的延时指的是编码器的缓冲延时，通常是对应处理一段语音所需要的时间长度，实时通信场景希望延时尽可能小。复杂度（Million Instructions Per Second，MIPS）是每秒处理的百万级的机器语言指令数，通常用来衡量算法在硬件平台处理时所占用的计算资源。语音质量（Mean Opinion Score，MOS）是一种用于衡量语音编码器输出语音整体质量的指标。

表 8 - 1　典型的固定速率窄带语音编码标准

编码标准	核心算法	公布时间	编码速率 /(kbit·s^{-1})	延时 /ms	复杂度	语音质量
ITU - T G. 711	PCM	1972 年	64	0. 125	0. 01	4. 3
ITU - T G. 726	ADPCM	1990 年	32	0. 125	3	4. 2
ITU - T G. 728	LD - CELP	1992 年	16	0. 625	30	4. 0
ETSI GSM 06. 10	RPE - LTP	1988 年	13	20	8	3. 7
TIA IS - 54	VSELP	1994 年	8	20	15	3. 6
ITU - T G. 729	CS - ACELP	1996 年	8	15	20	4. 0
ITU - T G. 729A	CS - ACELP	1996 年	8	15	10. 5	3. 9
ITU - T G. 723. 1	MP - MLQ	1995 年	6. 3	37. 5	15	3. 8
ITU - T G. 723. 1	ACELP	1995 年	5. 3	37. 5	16	3. 6
DoD FS1016	CELP	1991 年	4. 8	37. 5	20	3. 2
Inmarsat - M	IMBE	1991 年	4. 15	78	15	3. 4
DoD FS1024A	MELP	1997 年	2. 4	22. 5	40	3. 0
DoD FS1015	LPC - 10 年	1981	2. 4	35	20	2. 5

表 8 - 2 列出了一些常见的宽带和全频带语音编码标准。宽带是指带宽范围为 0 ~ 8 kHz，全频带指的是语音信号带宽为 20 Hz ~ 20 kHz，覆盖整个可闻域频段。语音带宽的增加使得通话时的语音更加清晰，并有利于分辨说话人信息。ITU - T G. 722 是第一个用于 16 kHz 采样率的宽带语音编码算法。目前较为先进的 3GPP EVS（Enhanced Voice Services，增强型语音服务）编解码器可以选择 4 种带宽：窄带（100 ~ 3 500 Hz）、宽带（50 ~ 7 000 Hz）、超宽带（50 ~ 14 000 Hz）、全带（20 ~ 20 000 Hz），并支持多种速率，可用于 4G/5G 移动通信。

表 8 - 2　典型的宽带和全频带语音编码标准

编码标准	核心算法	公布时间	编码速率 /(kbit·s^{-1})	延时 /ms	采样率 /kHz
ITU - T G. 722	SB - ADPCM	1988 年	48, 56, 64	3	16
ITU - T G. 722. 1	MLT 重叠调制变换	1999 年	24, 32	40	16
ITU - T G. 722. 2	AMR - WB	2002 年	6. 6 ~ 23. 85	20	16

续表

编码标准	核心算法	公布时间	编码速率/(kbit·s^{-1})	延时/ms	采样率/kHz
ITU – T G.718	嵌入式宽带语音和音频编解码	2008 年	8 ~ 32	42.875（WB）43.875（NB）	8, 16
ITU – T G.719	全频带语音和音频编解码	2008 年	32 ~ 128	40	48
ITU – T G.729.1	Scalable（可伸缩）	2006 年	8 ~ 32	48.9375	8, 16
3GPP EVS	ACELP 和 MDCT	2014 年	5.9 ~ 128	32	8, 16, 32, 48

随着移动通信的发展，从 20 世纪 90 年代中期以来，自适应多速率语音编码技术得到了较大发展。该类编码提供多个编码速率（表 8 – 3），可根据输入信号特性或通信系统状态动态调整编码速率，在语音编码速率和信道保护能力之间、合成语音质量和系统容量之间灵活折中，最大限度发挥系统效能。自适应多速率语音编码在编码原理上仍属于 CELP 编码，但为了实现速率自适应，引入了速率判决算法（Rate Decision Algorithm，RDA）和语音激活检测（Voice Active Detection，VAD）、舒适噪声插入（Comfortable Noise Insertion，CNI）、差错隐藏（Error Concealment，EC）等技术。可变比特率语音编码码率可以在不同模式下改变，分为信源控速率（Source Control Rate，SCR）和信道控制速率（Channel Control Rate，CCR）两种速率变化方式，前者的编码速率随着信源特性的变化而改变，后者则根据信道状况进行编码速率的控制。例如，3GPP AMR 标准在移动通信中使用一种具有一系列可变比特率的 CCR 信道控制速率模式，语音编码比特率可以适应信道条件，以便使语音通信性能最佳。

表 8 – 3 典型的可变速率语音编码标准

编码标准	编码算法	公布时间	变速率方式	编码速率/(kbit·s^{-1})
TIA IS – 96	QCELP	1995 年	SCR	8.55/4.0/2.0/0.8
TIA IS – 733	QCELP	1998 年	SCR	13.3/6.2/2.7/1.0
TIA IS – 127	RCELP EVRC	1997 年	SCR	8.55/4.0/0.8
3GPP AMR	ACELP AMR – NB	1999 年	CCR	12.2/10.2/7.95/7.4/6.7/5.9/5.15/4.75
ITU – T G.722.2	ACELP AMR – WB	2000 年	CCR	23.85/23.05/19.85/18.25/15.85/14.25/12.65/8.85/6.6
3GPP2 IS – 893	EX – CELP SMV	2001 年	SCR + CCR	8.55/4.0/2.0/0.8

8.3 语音编码关键技术

语音编码中主要使用了一些关键技术，如语音信号的短时分析、基音估计、线性预测、矢量量化、合成分析 A – b – S（Analysis – by – Synthesis）、感知加权、后处理等。A – b – S 和感知加权技术已用于基于码激励线性预测 CELP 的编解码器。对于 CELP 类型的语音编码器，有一些特殊的改进来提高性能。

8.3.1　感知加权滤波

大多数现代音频编解码器试图"塑造"噪声，也就是噪声整形（noise shaping），使量化噪声主要出现在耳朵无法检测到的频率区域。例如，耳朵对频谱中能量较大部分的量化噪声更具耐受性。传统方法是使用感知加权滤波器 $W(z)$ 来模型化共振峰结构：

$$W(z) = A(z/\gamma_1)/A(z/\gamma_2), \quad 0 \leqslant \gamma_2 \leqslant \gamma_1 < 1 \qquad (8-1)$$

通过调整参数 γ_1 和 γ_2 可以使得加权函数 $W(z)$ 变成声道的逆频率响应。感知加权滤波器会造成一定的频谱倾斜，通常编码器会在输入端引入预加重滤波器，在经过预加重处理的语音信号 $s(n)$ 基础上再通过感觉加权滤波器得到感知加权语音 $s_w(n)$。

为了最大化语音质量，CELP 编解码器在感知加权域中进行误差最小化（噪声整形）。感知加权滤波器用于通过合成分析方法优化码本搜索的误差信号，这导致噪声的频谱形状趋向于 $W(z)$ 的倒数，所以 $W(z)$ 也被称为"噪声整形滤波器"，它对感知最佳噪声加权函数进行了很好地近似。如图 8-2 所示，当不使用噪声整形滤波器时编码器的量化噪声误差频谱接近平坦，而使用噪声整形滤波器后的误差频谱具有和语音谱包络（声道响应）相近的形状，意味着在共振峰处可以允许较大的量化噪声，而在谱谷值处允许较小的量化噪声，从而达到根据听觉感知进行噪声谱整形的目的。

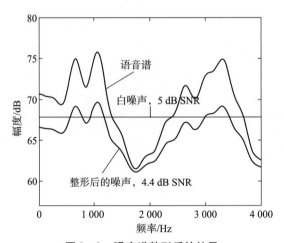

图 8-2　噪声谱整形后的结果

8.3.2　开环基音搜索

一些语音编码标准，如 G.729、G.723.1 和 AMR 使用开环（open-loop）和闭环（close-loop）搜索的方法来估计精确的基音周期。基音搜索的准确性直接影响语音编码的质量和效率。如图 8-3 所示，大多数开环基音搜索方法使用基于感知加权语音 $s_w(n)$ 的加权相关函数 $C(d)$，以获得最佳开环基频延迟。式

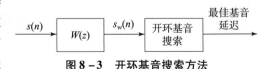

图 8-3　开环基音搜索方法

（8-2）中加权函数 $w(d)$ 加强较低基音处的自相关值，从而降低了选择基音周期倍数的可能性。执行开环基音分析后，可以将闭环基音搜索限制在开环估计基音值的附近少许范围，

以减少搜索精确基音分析的计算量，即

$$C(d) = \sum_{n=0}^{L-1} s_w(n) s_w(n-d) w(d) \qquad (8-2)$$

8.3.3　闭环基音搜索

所谓闭环基音搜索是在开环估计得到的基音周期范围内的一种精细估计。CELP 编解码器中闭环搜索是在自适应码本搜索过程中完成的，从加权输入语音和长时滤波器状态估计基音值。自适应码本搜索生成基音滤波器的基音延迟和增益。在闭环搜索中，在子帧的基础上使用误差最小化循环（综合分析）搜索基音。一旦确定了最佳整数基音延迟，则通过插值归一化相关搜索的最大值来执行分数基音搜索。

8.3.4　线性预测分析

LPC 在语音编解码器具体实现中有一些操作细节。为了减少窗口两端截断引入的误差，通常不使用突变矩形窗口，而使用两端具有平滑过渡特性的窗口，如汉明窗口。为了避免帧之间的不连续性，线性预测（LP）分析窗口长度大于语音帧长度，并且相邻分析窗口之间存在重叠。在线性预测分析之前，首先使用预加重处理来增强语音频谱中的高频共振峰，使短时频谱更平坦。预加重是一种高通滤波器，旨在提高编码器处的频谱参数估计精度，并且应在解码器处进行相应的去加重处理。在 AMR 编解码器的线性预测分析中，首先使用莱文森—德宾算法将加窗语音的自相关转换为线性预测系数；然后，线性预测系数被变换到线谱对（LSP）域以用于量化和插值目的。LSP 参数在帧之间进行平滑，避免在子帧的基础上插值的不连续性。插值的线谱对参数被转换回线性预测滤波器系数，以在每个子帧处构造合成信号。

8.3.5　编码中的量化

标量量化方法例如 PCM，通常用于需要精确量化的参数例如基音周期值，以保持良好合成语音质量。对于 8 kHz 采样率，典型的基频预测范围为 54 ~ 400 Hz，对应 20 ~ 147 个样本，即 2.5 ~ 18.375 ms。我们可以使用 7 位 PCM 编码，另外通常使用附加比特来编码基音周期的分数延迟。差分量化通常用于量化相邻参数之间具有高相关性的基音周期或子帧中的连续采样幅度和能量增益参数。在语音编码中一组 LP 参数通常转换为线谱对（LSP），并使用分裂矢量量化（Split Vector Quantization，SVQ）进行矢量量化。分裂矢量量化将矢量分为几个子矢量，并量化每个子矢量。有时，一阶滑动平均（Moving-Average，M-A）预测用于消除帧间 LSP 的冗余。

下面将介绍典型的混合语音编码技术——码激励线性预测（CELP）编码，在 GSM、AMR 等标准中使用该类编码方法。CELP 通常用作一类算法的通用术语，而不是用于特定的编解码器。码激励（或码本激励）线性预测编解码器最初由史洛德（Schroeder）和阿塔尔（Atal）于 1985 年提出。LELP 编解码器在 4.8 ~ 16 kbit/s 的比特率下具有比 LPC 声码器更好的合成语音质量和抗噪声性能。CELP 有很多种变体，如代数 CELP（ACELP）、松弛 CELP（RCELP）、低延迟 CELP（LD-CELP）和矢量与激励线性预测（VSELP），是很多编码标准中广泛使用的语音编码算法。

CELP 算法基于 3 个主要思想：①通过线性预测使用语音产生的源滤波器模型；②使用自适应和固定码本作为线性预测模型的输入（激励）；③在"感知加权域"中执行闭环基音搜索。短时预测器去除与帧内相关性有关的语音信号中的冗余，它反映了声道的共振，可以通过线性预测分析实现（图 8 - 4）。在短时预测之后，可以用一组 LPC 参数和 LPC 残差来表示语音信号。长时预测器去除语音信号中与帧间相关的冗余，它反映了语音的周期性（即声带振动）。

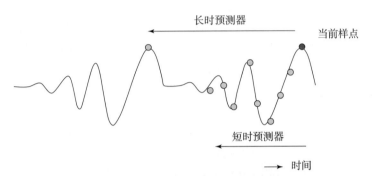

图 8 - 4　短时预测器和长时预测器原理

在 LPC 分析中，语音信号 $s(n)$ 通过短时预测器（预测误差滤波器）$A(z)$ 并生成短时残差 $u(n)$，其中仍然包括一些主基音脉冲，可以由形式为 $B(z)$ 的长时预测器进一步去除。假设 $v(n)$ 是短时和长时预测后的残差，则它比 $u(n)$ 中的要编码的主要脉冲更少。图 8 - 5 为短时预测器和长时预测器流程。

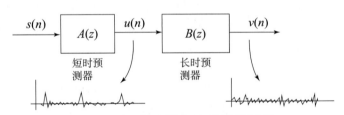

图 8 - 5　短时预测器和长时预测器流程

CELP 的基本思想是使用由 VQ 生成的码本中的码字而不是多个脉冲来表示每个帧上的长时（基音周期）和短时（声道）预测残差。先前设计中的残差发生器由码字发生器代替，码字发生器通常以 8 kHz 的采样率对 5 ms/帧的 40 个码字进行采样。它可以使用确定性或随机码本。确定性码本或称为固定码本，通常使用一些数学方法来设计，例如代数码本；随机码本是观察长时预测器的残差直方图，从具有单位方差的白高斯随机数构造码本。

CELP 背后的主要原理称为合成分析法（A - b - S），这意味着编码（分析）是通过在闭环中感知优化解码（合成）信号来执行的。理论上，最佳 CELP 流程将通过尝试所有可能的比特组合并选择产生最佳解码信号的比特组合来进行。这在实践中显然是不可能的，原因有两个：①所需的复杂度超出了任何当前可用的硬件；②"最佳声音"选择标准意味着人类听众。为了使用有限的计算资源实现实时编码，使用感知加权函数将 CELP 优化分解为更小、更易于管理的顺序搜索。A - b - S 编码过程可以用误差最小化的优化过程来执行，代替用于直接生成激励信号的量化器，由此基于使用感知加权滤波器的合成误差的均方值最小化来构造激励信号。在 CELP 编解码器中，编码器（分析）包括解码（合成）过程。在编码时，解码器中产生的合成误差已进行了感知调整，进而利用波形匹配准则计算合成误差。因此，CELP 编解码器是具有参数编码和波形编码特点的混合编解码器。

如图 8-6 所示，A-b-S 编码过程基于使用感知加权滤波器 $w(n)$ 的合成误差均方值最小化来构造激励信号 $d(n)$。闭环 A-b-S 系统每个回路的基本操作包括以下几个步骤：① 在每个循环开始时（每个循环仅一次），语音信号 $x(n)$ 用于生成形式为 $H(z)$ 的最佳 p 阶 LPC 滤波器。② 基于语音信号的初始估计的差分信号 $e(n)$，由形式为 $W(z)$ 的自适应滤波器进行感知加权。③ 通过误差最小化和激励发生器产生误差信号序列，该序列迭代地（每循环一次）改善与加权误差信号的匹配程度。④ 所得到的激励信号 $d(n)$ 是每个环路迭代的实际 LPC 预测误差信号的改进估计，用于激励 LPC 声道滤波器 $h(n)$ 重新恢复语音信号 $x'(n)$，并且这个迭代过程循环处理，直到所得到的误差信号满足用于停止闭环迭代的某些准则。

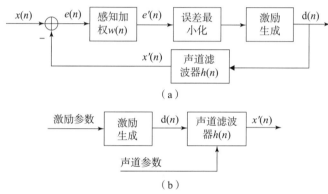

图 8-6　基于 A-b-S 合成分析方法编码和解码

（a）编码端；（b）解码端

在 CELP 编解码器中，建模分为两个阶段：① 对频谱包络建模的线性预测阶段，② 基于线性预测残差的码本建模。具有 LPC 分析的短时预测器用于预测帧内相关性并产生 LPC 残差。另外，长时预测器的作用是基于短时残差来预测语音信号的周期分量，并产生自适应码本。在长时预测和短时预测之后的语音残差信号接近高斯白噪声，这部分的分量主要由固定码本矢量来模拟。图 8-7 是使用短时预测器和长时预测器的 CELP 编解码器的典型框架。

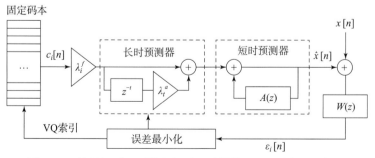

图 8-7　使用短时预测器和长时预测器的 CELP 编解码器框架

CELP 模型基于声源—滤波理论，图 8－8 为 CELP 编解码器框架。通过将自适应码本和固定码本的贡献相加产生激励。固定码本是（隐式或显式）编解码器中的矢量量化字典。该码本可以是代数（例如基于 ACELP 的编解码器中）或显式存储（例如在 Speex 编解码器中）。自适应码本中的码字由激励的延迟部分组成，这使 CELP 编解码器可以有效地编码周期性信号，例如浊音语音。

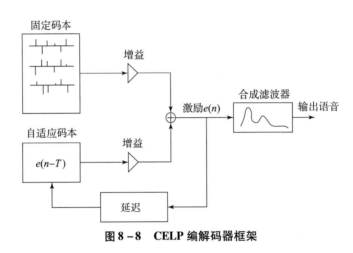

图 8－8　CELP 编解码器框架

8.4　语音编码性能评价

语音编码的根本目标就是在尽可能低的编码速率条件下，重建得到尽可能高的语音合成质量，同时还应尽量减小编、解码延时和算法复杂度。因此编码速率、合成语音质量、编解码延时以及算法复杂度 4 个因素就成为评价一个语音编码算法性能的基本指标；而且，这 4 个因素之间有着密切的联系，在具体评价一种语音编码算法的优劣时，需要根据具体情况综合考虑全部因素进行性能评价。

8.4.1　编码速率

编码速率直接反映了语音编码对语音信息的压缩程度。编码速率可以用 bit/s（比特每秒）来度量。编码速率代表编码的总速率，一般用 I 表示；也可以用 bit/sample（比特/样点）来度量，它代表平均每个语音样点编码时所用的比特数，一般用 R 表示。I 和 R 可以通过采样速率联系起来：

$$I = R \cdot f_s \tag{8-3}$$

式中，f_s 为采样速率，窄带语音信号一般 $f_s = 8\text{kHz}$，宽带语音信号一般 $f_s = 16 \text{ kHz}$。

在变速率语音编码中，一般采用所有语音帧上统计的平均编码速率（Average Data Rate，ADR）I_{AVG} 评价语音编码的速率。

8.4.2　编、解码延时

编、解码延时一般用单次编解码所需的时间来表示。在实时语音通信系统中，语音编、解码延时同线路传输延时的作用一样，对系统的通信质量有很大影响。过长的语音延时会使通信双方的交谈困难，而且会产生明显的回声而干扰人的听取和理解。因此，在实时语音通信系统中，必须对语音编解码算法的编解码延时提出一定的要求。对于公用电话网，编、解码延时通常要求不超过 5 ~ 10 ms；而对于移动蜂窝通信系统，编、解码允许最大延时不超过 100 ms。

8.4.3　算法复杂度

算法复杂度主要影响到语音编解码器的硬件实现，它决定了硬件实现的复杂程度、体积、功耗以及成本等。对于一些复杂的语音编码算法，一般用处理每秒钟信号样本所需的数字信号处理（Digital Signal Processing，DSP）指令条数来衡量其计算复杂度，可用单位"百万次操作/秒"（Million Operations Per Second，MOPS）或"百万条指令/秒"（Million Instructions Per Second，MIPS）等来对算法复杂度进行描述。

8.4.4　语音质量

语音压缩编码所追求的目标就是用最小的感知质量失真以尽可能低的编码速率来表达语音信号，一般利用语音特征参数的时域相关性以及人耳的掩蔽效应来去除语音信号的冗余度，便于语音的存储和传输。编码后的重建语音质量是衡量语音编码算法优劣的关键指标，评价语音编码质量主要有客观评价和主观评价两类方法。语音质量评价是语音信号处理领域的一个很重要的研究方向，影响着语音编码技术的发展。在语音的整体质量衡量指标上，比较常用的是平均意见分（MOS），采用 5 级评分标准。在数字语音通信中，通常认为平均意见分在 4.0 ~ 4.5 分为高质量数字化语音，达到长途电话网的质量要求，常称为长话质量（Toll Quality）；平均意见分在 3.5 分为通信质量（Communication Quality），这时能感觉到重建语音质量下降，但不妨碍正常通话，可满足大多数话音系统使用要求；平均意见分在 3.0 分以下统称为合成质量（Synthesis Quality），此时重建语音一般具有足够的可懂度，但自然度及讲话人的确认等方面还不够。

在编码器速率和输出语音质量之间存在某种制约关系，速率是一个定量的概念，而音质则易受主观因素影响。然而在对编码器进行性能评价时，的确需要一种可重复的、意义明确的、可靠的方法对输出语音质量进行量化。实际上，不只是语音编码领域需要对语音质量定量分析，在语音合成和语音增强等领域同样需要。

8.4.5　其他性能

语音编码的其他性能还包括语音编码对多语种的通用性、抗随机误码和突发误码能力、抗丢包和丢帧能力、误码容限、级联或转接能力、对不同信号的编码能力、算法可扩展性等。随着基于分组交换语音业务的发展，这些性能的研究也已展开。

总而言之，一个理想的语音编码算法应该具有低速率、高合成语音质量、低时延、低运算复杂度、良好的编码顽健性和可扩展性的编码算法。由于这些性能之间存在着互相制约的关系，因此实际的编码算法都是在这些性能中寻求折中。事实上，正是这些相互矛盾的要求，推动了语音编码技术的不断发展。

第9章

语音识别

9.1 语音识别概述

语音识别也称为自动语音识别（Automatic Speech Recognition，ASR），其基本概念是把人类发出语音中包含的内容变成计算机可以读取的输入文件格式，大多数情况都是可以理解的文字，也有少数情况是转换成二进制的编码或者字符序列编号。语音识别已广泛应用于日常生活中，例如一些智能系统中使用的私人助理软件可以提供自然语音交互模式。通过应用机器学习技术，一些互联网科技巨头还发布了开放域 AI 驱动的聊天机器人，能够重现更多类似人类的对话。车内语音识别系统几乎已成为当今市场上所有智能汽车人机交互的标准功能。通常情况下，驾驶员的电话和语音被整合到汽车导航、娱乐和其他有限功能中。语音内容的转录，如广播新闻、会议、电话、医疗和法律记录等，对于提高工作效率也很重要。其他一些应用程序，如呼叫中心应用程序、机器人和玩具、语音转换、听写等，都广泛使用了语音识别技术。语音识别已经成为人工智能系统的典型应用场景。

语音识别的一般目标是从语音信号中自动提取所说的单词串。语音识别系统不能用来确定：①谁是说话人（这属于说话人识别）；②语音输出（语音合成）；③用的什么语言（语种识别）；④单词的含义（言语理解）。在更高的层次上，自动语音理解是计算机将声学语音信号映射到语音的某种抽象意义的过程。

语音识别系统可以从设计角度分为不同的类别。从是否与说话人相关的角度可以分为说话人相关/自适应/无关的识别系统。说话人相关（speaker dependent）语音识别系统用于单个说话人的语音识别，这类系统通常比较容易实现，成本较低且精度较高，但是没有说话人自适应或者说话人无关的系统灵活。说话人自适应（speaker adaption）系统为了使得语音识别适应新的说话人特征，这类系统的实现难度介于说话人相关和无关系统之间。说话人无关（speaker independent）系统可以用于某一个语种下的任意说话人，这类系统在开发上难度最大且成本较高，系统的识别精度要低于说话人相关系统，但这类系统在实际应用中更为灵活。

语音识别系统的词汇量大小影响系统的复杂性、处理要求和准确性。某些应用程序只需要几个单词（如仅为数字），而某些应用程序需要非常大的字典（如听写机）。关于识别系统词汇量大小目前还没有明确的定义，一般来说小词汇量有几十个单词，中等词汇有数百个单词，大词汇量有数千个单词，非常大的词汇量有数万个单词。一个孤立词系统一次只对单个单词进行操作，需要在说出每个单词之间进行暂停，这是最简单的识别形式，因为单词的端点更容易找到，单词的发音往往不会影响其他人。连续语音系统对许多单词连接在一起的语音进行操作，即不会被刻意停顿分开。由于各种影响，连续语音更难处理。首先，很难找到单词的起点和终点。其次，另一个问题是"共同发音"。每个音素的产生都会受到周围音素的影响；同样，单词的开头和结尾也会受到前面和后面的单词的影响。连续语音的识别也受到语速的影响（快速语音往往更难）。

语音识别是一种包含了多种专业知识的技术，例如数学与统计学、声学与语言学、计算机与人工智能等学科门类，是人与计算机进行自然交互的关键技术之一。伴随着计算机技术飞速发展，语音识别在实际上的应用也取得了突破性的成果，人与机器通过正常语言进行连续对话的系统正在逐步实现。从技术角度来看，语音识别有着悠久的历史，经历了几次重大创新。近些年，该领域受益于深度学习和大数据的进步已经广泛用于各类智能系统中。语音识别已有六十多年的历史，许多知名公司在设计和部署语音识别系统方面研发了多种方法。语音识别技术始于 20 世纪 60 年代的模拟滤波器组，之后研究者使用动态时间弯折（Dynamic Time Warping，DTW）算法创建了一个能够操作小词汇表的识别器。20 世纪 70 年代，卡内基梅隆大学（Carnegie Mellon University，CMU）的研究人员开始使用隐马尔可夫模型（HMM）进行语音识别。隐马尔可夫模型被实践证明是一种非常有用的语音建模方法，并在 20 世纪 80 年代取代 DTW 成为主导的语音识别算法。在 21 世纪初，语音识别仍以传统方法为主，如结合前馈人工神经网络的隐马尔可夫模型；现今，语音识别的许多方面已经被深度学习方法所取代。

语音识别中有一些关键技术被广泛使用。从输入语音信号中提取典型特征，如线性预测倒谱系数（Linear Predictive Cepstral Coefficient，LPCC）和梅尔频率倒谱系数（Mel Frequency Cepstrum Coefficient，MFCC）。在隐马尔可夫模型中，DP、EM 和 Viterbi 是完成某些任务的重要算法。声学建模（Acoustic Modeling，AM）和语言建模（Language Modeling，LM）都是现代基于统计的语音识别算法的重要组成部分。隐马尔可夫模型广泛应用于声学建模任务中。语言建模也用于许多其他自然语言处理应用程序，如文档分类或统计机器翻译。20 世纪 80 年代末，人工神经网络作为一种有吸引力的声学建模方法出现在 ASR 中。2010 年，具有多个隐藏层的深度神经网络在大词汇量语音识别方面取得了成功。2011 年年底，微软亚洲研究院的俞栋、邓力将深度神经网络（DNN）技术应用在大词汇量连续语音识别任务上，大大降低了语音识别的错误率。

在基于单词的语音识别中，有 3 种错误：删除错误、插入错误和替换错误。有一个度量识别率的指标是词错误率（Word Error Rate，WER），它是 3 类错误占原句中所有单词的总数。WER 是语音识别中的关键评估度量，WER 结果越低，识别系统的性能越好。从单词错误率等评估指标的角度，可以看到语音识别系统的发展。当系统中的词汇量从单说话人的数字变为连续数字、命令和控制、字母和数字以及更多单词时，识别任务变得更加困难。阅读语音和广播新闻的连续语音识别面临自然口语句子的困难。随着技术的进步和计算机速度的加快，研究人员开始解决更困难的问题，如词汇量增加、说话人独立性、嘈杂的环境和会话。如今，自然的电话语音仍然是一个巨大的挑战。电话语音质量仍然是问题的核心。在语音识别技术发展中处理广播新闻内容也是一个非常活跃的领域。

对于人类听众来说，无论是在嘈杂还是安静的环境中，从低信噪比到高信噪比，语音识别性能几乎都是一致的。对于机器来说，在低信噪比条件下，如果背景噪声较高，语音识别系统的性能就会明显下降。根据任务的不同，人的表现超过机器表现的能力从 4 倍到 10 倍不等。在某些任务中，如信用卡号码识别，由于人类的记忆检索能力受限，机器性能则超过了人类。人类的主要失败模式是注意力不集中，第二个失败模式是对领域（即商业术语和公司名称）缺乏熟悉。另外，噪声的特性与信噪比一样影响语音识别性能。

总而言之，在过去的六十多年里，语音识别一直是一项具有挑战性的任务，它需要许多跨学科的专业知识，融合了信号处理、声学和生理学、语音学和语言学、统计学、人工智能和模式识别、人机交互、计算机科学等领域的知识和研究。

9.2　基本的语音识别系统

图 9-1 是一个标准的语音识别系统，从图 9-1 可以看出通过麦克风输入的语音信号要经过预处理、提取声学特征、输入声学模型和最后在解码网络中搜索一系列步骤才能得到识别结果。首先，麦克风采集的原始语音电信号要经过采样和量化操作才能被转化为数字格式的音频数据；然后在音频数据流上进行语音活动检测。语音活动检测的目的是为了剔除一些不含人声的语音数据流，这样做的目的是节省整个系统的算力资源。之后通过语音活动检测筛选出了包含人声的语音数据流，再对这些语音数据流提取声学特征。提取的声学特征送入声学模型，用声学模型对送入的每一帧数据进行一个软分类，得到对应于声学建模单元的后验概率。最后将声学模型输出的后验概率送入由语言模型和发音字典拆解成的解码网络中，通过维特比算法在解码网络中搜索最短路径。将结果汇总成词格（Lattice），得到最终的识别结果。

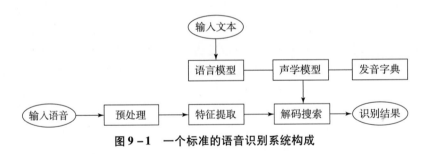

图 9-1　一个标准的语音识别系统构成

声学特征提取是语音识别中十分重要的一环。无论是连续语音识别还是语音关键词检测，这些系统的声学模型直接处理的都是通过各种方式提取的声学特征。实际的语音会根据说话人、说话环境、语速等区别而千差万别，同时这些也是语音信号的声学特性。声学特征要做的就是将这些声学特性表达出来，并且越明显越好。实际上可以通过短时分析方法从一段极短的语音片段中提取出一个向量，通过向量的数值来表示上述的特性。

通过对人类发音方式的研究，人们发现语音是肺部产生的气流冲击声道产生的。人体通过控制肌肉来带动声道具体形状的变化，从而改变谐振频率变化，这样才会发出不同音调的声音。这种变化主要体现在信号的短时分析上，也就是语音频谱包络的变化。语音时谱分析的共振峰结构可以代表音频的共性特征，非常适合当作语音识别的特征参量使用。音频中的声学信息通过经过一系列的操作得到矢量序列，这一过程称为特征提取。矢量序列的维度并不固定，而是根据具体任务选择合适的特征维度。特征选择上通常只是根据经验提取使用，而不考虑特征与建模单元的关系，尽量选择维度相对较低并能最大程度保留音频信息的特征。目前常用的声学特征主要有以下几种：梅尔频率倒谱系数（Mel Frequency Cepstral Coefficients，MFCC）、线性感知预测特征（Perceptual Linear Predictive，PLP）、基于短时傅里叶变换（Short Time Fourier Transform，STFT）的特征等。线性感知预测特征和梅尔频率倒谱系数一样，是一种基于人耳听觉模拟的特征，通过一种模拟人耳听觉的计算模型将音频信号转换为声学特征，这种声学特征的优点是对于噪声的鲁棒性较好。除此之外，瓶颈层特征（Bottleneck Layer，BL）也是目前普遍使用的一种特征，使用该特征需要先基于特定目的训练一个神经网络，一般在这个神经的输出层之前的一个隐藏层的节点数量相对于其他隐藏层要少很多，使得整个网络的拓扑结构就像一个瓶颈。在整个神经网络训练好之后，抛弃掉网络最后的输出层，使用剩余的网络输出向量作为声学特征。

在实际的应用中，目前应用最广的特征还是梅尔频率倒谱系数，这种声学特征很好地结合了人耳听觉特性。因为人耳听觉对不同频率的声音感知特性是不同的，声音的频率越高，人耳对其的敏感度就越低，频率与人耳的听觉敏感度存在一个非线性的对应关系。梅尔频率倒谱系数将声音的频率转换到梅尔域，很好地刻画了这种对应关系，能够充分反映人耳的听觉特性。将声音的频率 f 转换为梅尔频率的公式为

$$\text{Mel}(f) = 2\,595\log_{10}(1 + f/700) \qquad (9-1)$$

在提取梅尔频率倒谱系数时要先对语音信号进行预加重的操作。预加重的目的是补偿高频信号，使得高频部分的特性更加突出；之后再进行分帧，分帧时，首先要确定帧长和帧移，一般帧长取 20~30 ms，帧移取 10 ms，当前帧和下一帧的重叠部分为 15 ms；然后再对信号加窗，通过将信号乘一个窗函数，缓解频谱泄露的问题，同时使得声音信号带有周期特性。

声学模型是对语音的声学特征进行分类，并将其解码为音素或单词等单位；然后，语言模型将单词解码为一个完整的句子。传统的语音识别系统通常使用梅尔频率倒谱系数或感知线性预测作为特征，使用高斯混合模型—隐马尔可夫模型（GMM – HMM）作为声学模型。隐马尔可夫模型的理论基础在 1970 年前后就已经由鲍姆（Baum）等建立起来，随后由 CMU 的贝克（Baker）和 IBM 的杰利内克（Jelinek）等将其应用到语音识别中。直到今天，隐马尔可夫模型技术也是语音识别中最重要的技术手段之一。隐马尔可夫模型的定义是假如语音中的一个音素有 3~5 个状态，每一个状态的发音比较稳定，语音段不会发生突然的振荡变化。这样不同状态是可以按照一定概率进行转换变化的，那么某一个状态的特征分布规律就可以用概率统计模型来定义，应用比较广泛的模型是高斯混合模型（GMM）。因此在高斯混合模型—隐马尔可夫模型的语音识别框架中，隐马尔可夫模型描述的是语音的相对较短时间内的平稳动态性，高斯混合模型用来描述隐马尔可夫模型每一状态内部的发音特征变化。其中高斯混合模型对语音声学特征的分布来建模，隐马尔可夫模型对语音时序性建模。用高斯混合模型—隐马尔可夫模型的声学模型的优化方法，包括上下文相关训练、适应能力训练和区分度训练等。直到现在的识别方法中，这些技术都是声学模型优化最为重要的技术。声学模型表示音频信号和语音建模单元之间的关系，重建实际发音中的内容。语言模型是用来预测下一个单词出现的概率。输出的预测序列要依赖声学模型打分和语言模型打分，根据两者的打分和来预测哪个单词出现。近年来，判别模型，如深度神经网络，在声学特征建模方面显示出更好的结果。在语音识别领域，基于深度神经网络的声学模型——隐马尔可夫模型已经大大超过了以往的模型。

声学模型只是计算给定文本后发出一个语音片段的概率，接下来如何知道每个单词的发

音，这就需要另一个称为发音字典的模块。发音字典用于在声学模型和语言模型之间建立桥梁，以连接这两个模型。语言模型用于估计给定上下文的每个单词的概率。现阶段语言模型使用最为广泛，语言模型主要分为 $N-gram$ 语言模型、指数语言模型、神经网络语言模型。语言模型比较常用的是 $N-gram$ 语言模型，其特点是只会向前看。当前时刻发生某些词的概率就只和上一个时刻发生词的概率有关，其他时间某些词是否发生不会影响到它。当 N 取 1、2、3 时，$N-gram$ 语言模型分别称为一元语言模型、二元语言模型和三元语言模型。N 值越大，对下一个词出现的约束信息更多，具有更大的辨别力；N 值越小，词串在训练集中出现的次数更多，具有更高的可靠性。困惑度（Perplexity）用来判定语言模型训练的好坏，它的定义就是词串（$W = \omega_1，\omega_2，\cdots，\omega_N$）概率几何平均的倒数：

$$PP(W) = p(\omega_1,\omega_2,\cdots,\omega_N)^{-\frac{1}{N}}$$

$$= \sqrt[N]{\frac{1}{P(\omega_1,\omega_2,\cdots\omega_N)}}$$

$$= \sqrt[N]{\prod_{i=1}^{N} \frac{1}{p(\omega_i \mid \omega_1,\omega_2\cdots,\omega_{i-1})}} \qquad (9-2)$$

如果使用二元语言模型，则公式变为

$$PP(W) = \sqrt[N]{\prod_{i=1}^{N} \frac{1}{p(\omega_i \mid \omega_{i-1})}} \qquad (9-3)$$

在上述的公式中，如果 PP 越小，对应的 $p(\omega_i)$ 概率就越大，则实际语句出现的概率就越高，识别率也相应变高。在训练的时候，可以不断地观察 PP 值的大小，如果在一段时间内，PP 值基本不发生改变，那么语言模型训练收敛稳定。

语言模型是自然语言处理的一项重要技术。自然语言处理中最常见的数据是文本数据。我们可以把自然语言文本看作一个离散的时间序列，即单词序列。语言模型是计算单词序列的概率。根据概率链规则，需要计算单词的概率和给定前几个单词的条件概率，即语言模型参数。为了降低计算概率时的复杂度，可以使用马尔可夫假设来获得 N 元近似。原则上语言模型对词或者语音串的期望复杂度越小，模型效果越好。语言模型训练需要涵盖训练数据中所有单个词以及词之间各种随机组合出现的概率，通常会用比较大的无关文本进行随机生成训练。但是模型不断扩大包含的概率路径，模型占的内存空间就会逐渐变大；同时模型还可能保存了一些无用的词语组合，造成了一些存储资源的浪费。为了解决这一问题，可以用裁剪和降权的操作来改进语言模型的路径。在很多语音识别技术研究中，语言模型通常作为固定变量，使用的语言模型不会发生改变也不会对它进行优化，这样方便控制变量来对各种声学模型结果比较识别率高低。

解码器在语音识别中非常重要，工业界主要关注解码器的具体工作原理。声学分数和语言分数分别由声学模型和语言模型打出并相加得到最终的得分，通过维特比搜索，在解码图中选择一条最优的执行路径输出作为识别的结果。大词汇量的语音识别常用的解码网络包含 4 类模型：隐马尔可夫模型、三音素模型、词典以及语言模型。隐马尔可夫模型描述了三音素所对应的具体隐马尔可夫模型状态序列。在识别的过程中，对每一帧对应的状态进行假设，并在状态序列上搜索，进而生成三音素序列；三音素模型描述了音素之间的对应关系，根据隐马尔可夫模型生成的序列转换成音素序列；词典描述了音素序列对应的词，生成相应的词序列；语言模型描述了词序列发生的概率，得到序列的打分。系统需要依赖模型之间的约束关系，将状态序列转换成词序列。通常语音识别系统需要将识别网络读入内存，基于声学模型在此网络上完成解码，解码器通常通过维特比搜索最大概率值，最终通过声学模型和语言模型共同完成具体的识别任务。

9.3 语音关键词检测技术

在语音识别领域，语音关键词检测（keyword spotting）技术是一个研究的子领域，其研究目的是将一组预先定义好的关键词从连续的语音信号流中检测出来，在移动设备的免提控制中有广泛的应用，通常这个关键词也被称为唤醒词，语音关键词检测也被称为语音唤醒。关键词检测是由布赖德尔（Bridle）在 1973 年提出的，当时关键词被称为"给定词"，关键词这个术语是由克里斯汀（Christian）在 1977 年提出的。克里斯汀使用 LPC 方法来检测连续语音流中的关键词，并提出了"关键词"的概念。到目前为止，关键词检验技术已经有了 50 年的历史了。随着语音关键词检测技术的不断发展，近年来被应用于机器人交互、设备语音指令控制、智能家居设备等多个领域。

目前，传统的关键字检测技术有 3 种：

第一类是基于模板匹配的语音关键词检测技术。这种技术主要使用动态时间规整（DTW）算法来计算输入语音序列和模板语音序列之间的相似性，当输出达到一定阈值时，确定关键词被检测到。

第二类是补充模型。这种模型会预处理语言模型，使所有单词独立成句子，减少声学模型的大小，这样解码图中的所有关键字都有独立的路径，而不是所有关键词共享一个路径。

第三类是基于大词汇量连续语音识别（LVCSR）系统的语音关键字检测技术。利用训练后的大词汇量连续语音识别系统建立候选词例，并生成反向索引。

近年来，随着语音识别技术的发展，神经网络和端到端技术已成为语音关键词定位技术的主流。这两种方法都是对传统技术的升级和延伸。下面详细介绍这 3 种传统的语音关键词检测方法和基于神经网络的语音关键词检测。

9.3.1 基于模板匹配的语音关键词检测技术

基于模板匹配的关键词检测将该问题作为一个匹配问题。考虑关键字的音频样本和几个测试音频，并分别计算它们的相似性。如果测试音频和关键字之间的相似性超过了某个阈值，则为被认为是被检测到关键字。通过这种方式，用户可以录制自己的音频，并将其定义为关键词，使其更加个性化。

基于样本的关键字定位可分为两类：一种是基于 DTW 算法，它使用 DTW 算法来计算两个音频特征序列之间的相似性；另一种是基于嵌入式学习，它将两个音频频谱编码作为向量，并直接计算两个向量之间的距离。基于 DTW 算法自 20 世纪 70 年代就开始应用，但在匹配两个序列时计算复杂度较高，目前主要用于无监督的情况。基于嵌入式学习的方法匹配比较简单，在深度学习流行后变得非常流行。

在时间序列中，需要比较相似性的两个时间序列的长度可能不是相同的，这在语音识别领域中表现为不同的人以不同的速度说话。而同一个单词中的不同音素可以以不同的速度发音。例如，有些人会让"A"听起来很长，或者让"I"听起来很短。另外，不同的时间序列可能只在时间轴上有位移，即在调整位移的情况下，两个时间序列是一致的。在这些复杂的情况下，两个时间序列之间的距离（或相似性）不能用传统的欧氏距离有效地确定。面对这种情况，DTW 算法通过扩展和缩短时间序列来计算两个时间序列之间的相似性。

9.3.2　补充模型

补充模型有时也称为"垃圾"模型，它将关键字发现问题视为逐帧顺序标记问题。关键字被分配给不同的音素，并且一个额外的"垃圾"音素用于匹配所有非关键字。对每个关键字建立一个隐马尔可夫模型，对非关键字建立一个隐马尔可夫模型，并采用混合高斯模型或深度神经网络模型对观察概率进行建模，直接用于数据稀疏性问题中的关键字建模。目前流行的隐马尔可夫模型采用音素等子词单位进行建模。在这种情况下，它与基于隐马尔可夫混合模型的语音识别中使用的声学模型非常相似，只是解码图是手工设计的语法，而不是生成的统计语言模型。亚马逊语音助手 Alexa 使用的关键字定位系统是基于这种方法。通过训练得到声学模型后，形成了解码网络；采用维特比算法对解码网络和模型进行匹配，输出最佳匹配结果。

9.3.3　基于大词汇量连续语言识别系统的语音关键词检测技术

给定一个预先训练过的 ASR 系统和需要识别的关键短语。ASR 系统的识别词汇表可能不预先包含关键词，但基本音素必须能够合成关键词，以便关键词可以添加到词汇表和语言模型中。因此，ASR 可以有效地解决词表外词（Out of Vocabulary，OoV）问题。基于大词汇量连续语音识别系统的关键词检测技术通常有两种方法：①基于混淆网络（Confusion Network，CN）；②基于状态转换器（Finite State Transducer，FST），晶格变形（Lattice）可以作为 FST 的表达形式。2014 年，Justin Chiu 等研究了上述两种基于大词汇量连续语言识别的关键词检测的策略之间的优劣。结果显示 FST 在进行长查询时性能优于 CN，而 CN 则在短查询上表现得更好。于是，他们尝试着将这二者进行融合，发现结合了 CN 和 FST 的新检索策略取得的结果比其中任何一种都好。

基于大词汇量连续语言识别系统的语音关键词检测技术主要应用于音频检索和语音数据挖掘任务，近年来应用非常广泛。大致过程是先通过语音识别系统将语音转换成某种文本形式，然后在文本信息基础上建立起索引以方便用户检索。时间因子转换器（Timed Factor Transducer，TFT）是现在比较流行的关键词检测索引，它可以做到在线性复杂度 $O(n)$ 下检测到关键词，而且已经在当前最常用的语音识别工具包之一的 Kaldi 上实现。

语音关键词检索与一般文本形式索引不同之处在于语音索引需要记录每个词的时间信息和位置信息，方便用户准确检索定位到词的正确位置。除此之外，语音识别结果很可能会出现一些错误，导致无法找到关键词，所以为了有效提高检索的召回率，希望索引可以将语音识别的最优结果和次优候选结果都包含进来。针对以上这两个特点的主要解决方法是利用语音识别输出的词格建立索引。我们可以把词格理解成用以保存语音识别的候选结果同时还包含了时间位置信息的一种表示方法。

基于大词汇量连续语言识别系统的语音关键词的识别结果都出自词表内的词，但是因为词表内的词的数量有限，如果遇到待查的关键词是词表中没有的词（即集外词），那么就无法被检测出来，这就是所谓的词表外词问题。很多情况下，用户喜欢检索的通常都是一些实体名词，比如地域名称、个性化人名、单位企业名称等，而这些名词往往都是集外词。面对如此常见的 OoV 问题，人们提出了诸如模糊搜索和基于子词的方法等各种解决方案。此外，置信度对基于大量词汇量连续语音识别的关键词检测系统的最终性能有很大的影响。因此，如何有效地计算关键词候选结果的置信度是一个值得深入研究的问题。

9.3.4 基于神经网络的关键词检测

在过去的几年里，随着神经网络的发展，语音关键字检测也飞速发展。除了基于隐马尔可夫补充模型外，在后期还出现了一个由深度神经网络直接分类的补充模型。连续的语音流被逐段馈送入神经网络中进行分类。该类别都是命令词，而一个额外的填充类别，如 10 个命令词，有 11 个类。分类完成后，由于输出概率可能出现"毛刺"，所以进行平滑后处理，如果某一类别的概率超过阈值，则认为已检测到某个命令字。该方法内存较小，不需要解码搜索，且精度较高。但是，由于需要准备大量包含命令词的语料库，如果更改了命令词，则需要收集另一批语料库，因此在实践中难以使用。相比之下，基于隐马尔可夫模型的关键字定位更常用，因为它用于子字单元的建模，语料库一般可以通用。

如今，随着端到端技术在自然语言处理领域的兴起并且取得了很多研究成果，在语音领域端到端的技术也逐渐成为主流。在语音关键词检测方面，端到端的技术也不断打破传统方法保持的纪录。通过端到端的语音关键词检测，只需要在模型的输入端输入语音数据流，输出端直接就是检测结果。相比传统的语音关键词检测方法，端到端的方法简捷有效，更容易理解。传统的语音关键词检测通常需要声学模型和解码网络相互配合来输出检测结果，但是声学模型和解码网络是两个独立的系统，想要优化整个系统就需要将这两个系统分别进行优化，这就会造成一个难以优化的问题。但是对于端到端的语音关键词检测来说，这个问题就迎刃而解了，因为端到端的模型接受音频流数据，然后直接输出关键词检测的结果。整个系统的优化目标是一致的。这使得整个系统的优化变得简捷有效。

目前的语音关键词除了端到端的解决方案之外，还有一个传统方案。传统方案就是现在广为人知的深度神经网络和隐马尔可夫模型混合的语音关键词检测系统。这种深度神经网络和隐马尔可夫模型混合的语音关键词检测系统在训练前要进行音频片段中音素的强制对齐，之后再根据强制对齐后的标注音频训练深度神经网络。这种方式的最大缺陷在于强制对齐的理论缺陷，导致对齐后的标注音频准确性的上限不够高。与传统的方案相反，端到端的语音关键词检测模型直接抛弃了传统方案的强制对齐过程，彻底解决了传统方案的这一弊端。同时传统的语音关键词检测使用的建模单元音素也存在一定的弊端。因为协同发音的影响，人在说话时，发出的同一音素的发声特性也会受到上下文的影响导致实际的同一音素发声特性不同。这种现象会影响整个语音关键词检测系统的表现，使得系统整体难以达到最优。端到端的语音关键词检测系统就不会产生这样的问题，因为在端到端的语音关键词检测系统中不会将音素作为建模单元，而是训练从音频到输出结果的模型。

9.4 语音识别技术的挑战

在语音识别中，有一些条件会影响识别器的性能，如远场场景、背景噪声、信道失真、口音和方言、情绪化语音、不流畅语音、话题变化等。环境和信道等因素会导致语音信号失真；语音信号会受到语境和变化的影响；说话人和口音的差异会导致语音特征在参数空间的分布差异；同一说话人的心理和生理变化导致语音变化；不同的发音方法和习惯导致了语音现象的变化，如省略和连续阅读。这些情况使识别任务变得困难，需要新的技术来改进识别系统。以下列出了一些语音识别技术中可能的挑战问题。

9.4.1　远场语音识别

与近场（near-field）语音识别相比，远场（far-field）识别面临的挑战主要是由复杂的信号传播环境造成的。长距离使接收信号的信噪比低。在封闭或室内环境中，存在各种漫反射噪声，如环境中的背景声音和混响量。在远场识别场景中，可能有许多人同时讲话，导致"鸡尾酒会问题"，这通常称为"多源信号干扰检测"问题。此外，还存在由远场回放设备返回的声音引起的回波干扰。远场语音识别需要通过语音增强技术和语音分离技术来解决这些问题，以有效地提取或分离目标语音。

9.4.2　语音前端处理

语音前端处理（front-end processing）是指在特征提取之前对原始语音进行处理，部分消除噪声、混响和不同说话人的影响，使处理后的信号能够更好地反映语音的基本特征。在语音通信、识别和合成等许多语音处理系统中，前端（front-end）处理是必不可少的。前端处理模块主要通过引入传统的麦克风阵列技术或深度学习语音增强方法来解决远场识别问题。最基本和重要的工作是准确地地声音传播环境建模，从而设计最佳语音信号增强算法，并帮助快速生成大量远场语音数据，用于识别器中的声学模型训练。语音识别引擎对语音信号的非线性处理非常敏感，因此通常会联合优化前端处理和语音识别过程。

9.4.3　处理背景噪声

处理背景噪声（background noise）的方法主要有 3 种：①尝试通过语音增强消除噪音，而不损伤语音；②在识别中选择一组固有的抗噪特征，例如频谱中的峰值位置；③扩展语音统计模型，对噪声进行建模。如果在语音模型中有 1 000 个状态，在噪声模型中有 4 个状态，可以将其视为语音和噪声的单个 4 000 状态模型。这些语音和噪声组合状态之一的平均功率谱就是平均语音功率谱和平均噪声功率谱的总和。识别器使用 4 000 状态模型，同时识别语音和噪声。组合模型中的状态数是每个模型中状态数的乘积，该任务无法承受噪声模型中的太多状态。

9.4.4　信道变化

基于电话的系统必须能够处理多种话筒带来的声音传导信道变化的影响。麦克风的频率响应差异很大。语音频谱与信道频率响应相乘，也就是说，语音倒谱与信道倒谱响应相加。系统可以通过每个帧计算的倒谱中减去倒谱的长期平均值来纠正这一点，这称为倒谱均值减法，使识别器对信道频率响应的变化不敏感。在匹配的训练和识别条件下，使用倒谱均值减法会略微增加错误率。

9.4.5　说话人自适应

说话人自适应（speaker adaption）可以调整识别器以适应特定的说话人。对于有监督自适应，计算机每次出错时都必须被告知。对于无监督自适应，计算机假定大多数决策是正确的。对于增量自适应，自适应将持续进行。我们需要使用一般变换的形式，如频率轴的线性或非线性弯折、特征向量的线性变换（即乘以矩阵），根据少量语音调整整个识别器。对于不同的状态，特征向量有不同的线性变换（对于相似的探测状态，使用相同的变换）。当识别器被告知有一个新的说话人开始说话时，错误率可以从 7.9% 降低到 7.2%。

9.4.6　脱稿演讲

大多数识别器的评估过程使用人们阅读准备好的文本。在随意的演讲中，识别器表现要差得多。脱稿（unscripted）演讲的语音中可能包含发音不清晰的喃喃自语、较大的语音变化以及错误的开始、重复和更正，这些都会影响识别器的性能。

9.4.7　语言模型

语言模型通常适用于特定的应用场景。例如，新闻类报纸上的语言模型对于工程文献来说并不适用。$N-gram$ 语言模型是粗糙的，并不能推广到新单词。在这种情况下，识别是任务独立的。基于相关词类别的语言模型更容易推广，然而，很难选择颜色名称、汽车品牌等类别。类别也可以是名词、形容词、动词，许多单词也通常会存在于不止一个类中。

9.4.8　小词汇识别

小词汇语音识别器使用的模型会对每个单词加上沉默、噪声、咳嗽等。通常，识别器每个单词有 10 到 15 个状态，完全小于 2 000 个状态。它需要每个单词的训练示例。依赖于说话人的任务是指单个用户，每个单词有 10 个以上的示例。独立于说话人的任务意味着许多不同的用户，每个单词有 100 多个示例。识别数字 0~9 的性能（对词序没有语法限制）可以达到小于 1% 的说话者无关错误率，识别字母 A 到 Z 的性能可以达到小于 10% 的说话人无关错误率。对于字母识别相对比较难一些，因为许多字母听起来很相似，例如 B、C、D、E、G、P、T 和 V。

9.4.9　大词汇识别

语音识别器在识别大词汇（超过 1 000 个单词）方面会存在一些问题。目前搜索任务对于每一个对齐加上单词序列的计算量都是很大的，并且对于有一个好的语言模型来限制可能的单词序列的数量至关重要。该任务需要非常大的内存需求来存储所有模型。更多的单词容易产生混淆，此时识别器需要改进声学模型。简单的高斯假设目前不够理想。基于 GMM 的特征空间表达式可能需要 20 个高斯函数参数来描述分布，而不是仅需要两个函数。大量的训练数据需要数百小时的演讲。识别系统通常必须能够识别训练数据中没有的单词。具有自然对话风格的大词汇量连续语音识别是当前研究的热点和难点。

深度学习技术自 2009 年兴起之后，已经取得了长足进步。在语音识别高速发展的背景下，很多语音科学家曾经认为语音识别问题在 20 年内会全部解决，但在今天来看，语音识别问题依然没有全部解决。目前工业界语音识别所面临的问题主要有以下几个方面：

（1）语音识别的鲁棒性。许多从事语音工作的实验室或者公司对外宣传都表明自己的识别率达到97%以上，但各自的测试环境并不是统一的。一旦改变测试数据，识别率都会下降。提高语音识别的鲁棒性是当前语音识别技术落地应用的重要研究方向，例如在各种噪声环境下，系统依然能够准确识别。

（2）语义理解。计算机虽然可以将语音转换成文字，但是计算机并不能准确理解每段文字的真正含义，因为每段文字的内容非常丰富，即使是同一句话，不同的上下文、不同的环境、不同的音调都会产生不同的意义。目前解决语义理解问题的方法是不断地向模型训练集中添加数据，用海量的数据来建立文本数据库，并通过一些特殊的搜索方式来找到问题的答案。每一次查找比较发音概率的大小，累积成不同路径的概率，选择最大的概率路径结果作为识别输出。

（3）远场识别问题。目前计算机主要通过麦克风来收集语音，通常是单麦克风和双麦克风阵列拾音。发音人如果距离麦克风较远，或者在有混响和噪声的背景下，麦克风收集到的音频会或多或少有一定的损伤，这样语音识别的准确率会急剧降低。

（4）多人语音识别和多语种识别也是目前需要解决的问题。系统在某些情况下需要来识别多个说话人中每个人的音频，并且还要区分出主次说话人；同时，现在人们相互交流不单单使用一种语言，经常是两种或多种语言混合在一起。为了解决这种需求，语音识别领域也出现了对多语种的研究。

第 10 章

语音增强

10.1 语音增强概述

语音是人类之间信息交流最重要的方式，也是信息传播的重要途径之一。然而在很多场合中，由于受到复杂的环境噪声的影响或者通信信道噪声的干扰，人们听到的语音并不是纯净的。例如，在地铁中进行手机通话时，手机麦克风接收到的语音信号往往带有地铁行进中的噪声和其他乘客说话带来的嘈杂声。人们总是希望听到可懂度和舒适度更高的语音，因此需要对语音进行去除噪声处理，从而减少外来噪声对语音的影响，改善这些带噪语音信号的听觉质量。语音降噪算法可以在一定程度上减轻或者抑制背景噪声，使得人们听到高质量的语音信号，因此语音降噪技术或者语音增强技术成为语音信号处理系统和通信系统等领域的重要技术分支。语音增强的目的是从失真的语音信号中提取尽可能纯净的原始语音。语音增强有两个主要目标：①提高语音质量。消除背景噪声，让听众愿意接受，不感到疲劳。例如，在手机通话或 VoIP 等语音通信中，用户希望听到清晰的语音，并对良好的语音质量感到舒适。②提高语音可懂度，使听众易于理解。例如，助听器和人工耳蜗需要设计算法来提高语音可懂度，同时又不牺牲语音质量。语音信号失真的更广泛概念包括背景噪声、混响和其他一些干扰。在大多数应用中，语音增强的目的是通过降低噪声来增强损伤的信号质量。

语音增强技术主要侧重于去除语音信号中的噪声或其他干扰。语音增强算法是许多数字信号处理系统中的重要组件，包括电话、助听器、VoIP 和自动语音识别器。语音增强通常涉及提高语音信号质量的问题，也有可能是更多问题的处理，但它通常与减少附加噪声影响的具体问题有关。原始的干净语音会因背景噪声而退化，产生不同信噪比的带噪语音。较低的信噪比意味着较大的噪声能量。对于语音通信系统，原始语音被压缩并发送到传输通道，信道受损会导致传输噪声，需要在接收机处从损伤的语音中进行消除。在一般通信中，加性随机性被认为是系统的背景噪声引起的；乘性随机性被认为是系统的时变（如衰落或多普勒）或非线性因素引起的。

噪声有多种类型，主要分为加性（additive）噪声和非加性（non - additive）噪声。在语音通信中，加性噪声通常被视为背景噪声。加性噪声有多种形式，例如，点火和放电可能会导致脉冲噪声，其时域波形为类似脉冲函数的窄脉冲。消除脉冲噪声的方法是平均噪声语音信号的幅度，并将平均值用作阈值。如果超过阈值，则判断为噪声，并在时域中进行滤波。当脉冲不太密集时，也可以通过插值来避免或平滑脉冲点。在重建语音时，中值滤波器是去除脉冲噪声的最常用选择。周期性噪声，如发动机干扰和供电系统（城市电力）引起的干扰，存在一些相关成分，它在频域中表现为离散窄谱，通常可以通过陷波滤波器消除。

滤波器应设计为在保持语音清晰度的同时去除周期性噪声。

宽带噪声是一种很难消除的附加干扰，因为它与语音具有相同的频带，消除噪声后会影响语音质量。例如，说话时，伴随着呼吸引起的噪声。宽带噪声包括随机噪声源产生的噪声或量化噪声等。在应用中，宽带噪声近似于高斯噪声或白噪声。噪声频谱分布在语音信号的频谱上，很难消除。通常需要使用非线性处理方法，如谱减法、维纳滤波、最大似然估计等。另一种加性噪声是语音干扰，它是和语音信号在一个信道中同时传输的干扰信号引起的，例如通信中的串扰。区分它们的方法是利用基频的差异，梳状滤波器可以用来提取基音和谐波，然后恢复有用的信号。

上面几种加性噪声是指语音信号与噪声的关系是加性的。非加性噪声通常使得信号和噪声之间是乘法或卷积运算。倍增噪声，如传输系统的电路噪声，被视为系统的时变（如衰落或多普勒）或非线性。卷积噪声，例如房间混响，它是语音和房间脉冲响应的卷积。可以通过同态处理将非加性噪声转换为加性噪声来处理此类噪声。

语音增强可以根据其应用方法分为以下两类：①数字信号处理语音增强方法；②基于机器学习的语音增强方法。其中，数字信号处理语音增强方法是历史悠久、技术基础深厚的主流方法，是工程界降低语音噪声的主要思想。在传统的数字信号处理方法中，根据通道数，可以进一步分为单声道（单通道）语音增强方法和麦克风阵列（多通道）语音增强方法。

语音增强（speech enhancement）也可以说是语音分离（speech separation）的一个研究子领域，语音分离广义上是将目标语音与背景干扰相分离的一般任务，背景干扰可能包括非语音噪声、干扰语音或两者皆有，以及混响。在实际应用中，人声通过空气传播或信道传输到录音器。在传输过程中，信道失真、来自其他声源的加性噪声以及来自表面反射的混响会使录制的语音产生噪声并降级。如果想清晰地听到声音，就需要语音增强技术和语音分离技术。

语音分离通常被称为"鸡尾酒会问题"，这是英国认知科学家爱德华·科林·切瑞（Edward Colin Cherry）于1953年在研究选择注意机制时提出的一个著名问题。"我们最重要的能力之一是我们能够在其他人面前聆听和跟随一位发言者。这是一种常见的经验，我们可能会认为这是理所当然的；我们可以称之为'鸡尾酒会问题'。没有机器能做到这一点。""对于'鸡尾酒会'之类的情况……当所有声音都同样响亮时，即使有多达6名干扰者，正常听力的听众仍能听懂讲话。"计算听觉场景分析（Computational Auditory Scene Analysis，CASA）将鸡尾酒会问题的解决方案定义为在所有听音条件下实现声源分离性能的系统，它能够使得计算机模拟人类听觉系统对复合混杂的声音信号进行感知、处理和解释。

语音分离领域的研究包含语音增强（即语音和非语音分离）、说话人分离（即多话者分离）和语音去混响。语音增强（或去噪）主要是指语音和非语音噪声的分离。如果仅限于多个声音的分离，一般使用"说话人分离"。

10.2　单通道语音增强

传统的单通道语音增强方法在时域和频域使用更多的数字信号处理，主要是在频域处理方面，如传统的谱减法，还有一些同时结合时间和频率分析的方法。自适应滤波已用于时域语音去噪。最佳线性滤波已广泛用于语音增强，包括维纳滤波器、卡尔曼滤波器和其他统计模型。线性滤波方法起源于随机过程，而子空间方法主要基于数值线性代数和矩阵近似理论的发展。在单通道语音增强方法中，有一种基于子空间的方法也引起了人们的关注，其干净语音和噪声空间的正交性对带噪语音信号进行特征值分解或奇异值分解。然而，由于其计算程度相对较高，在工程中并没有得到广泛应用。基于机器学习的语音增强方法不同于传统的数字信号处理方法，它借鉴机器学习的思想，通过有监督的训练学习带噪语音特点进而利用神经网络实现语音增强，如基于深度学习的语音去噪方法。下面介绍一些成熟的、典型的单通道语音增强算法。

10.2.1　基于滤波的语音增强算法

滤波法就是在不同的域中，根据估计的参数（如信噪比、噪声功率谱）缩放或减去相对应的量，得到纯净语音信号的估计。最常见的算法就是谱减法、维纳滤波法和卡尔曼滤波法。

1. 谱减法

1979 年，博尔（Boll）在假设噪声是平稳的或变化缓慢的加性噪声，并且在语音信号和噪声独立不相关的条件下提出了谱减法来抑制噪声。其基本思想是在假定加性噪声与短时平稳的信号相互独立的条件下，从带噪语音信号的功率谱中减去噪声功率谱，从而得到较为纯净的语音功率谱，即

$$x(n) = s(n) + d(n) \tag{10-1}$$

$$|X(k,m)|^2 = |S(k,m)|^2 + |D(k,m)|^2 \tag{10-2}$$

带噪信号 $x(n)$、纯净语音 $s(n)$ 和背景噪声 $d(n)$ 的第 m 帧第 k 个频率点的频谱分别为 $S(k,m) = |S(k,m)| \exp(j\delta_k)$，$X(k,m) = |X(k,m)| \exp(j\theta k)$，$D(k,m) = |D(k,m)| \exp(j\vartheta_k)$。

实际中噪声谱不能直接获得，需要通过噪声谱估计算法得到噪声功率谱的估计 $|\hat{D}(k,m)|^2$，进而得到纯净语音信号的谱估计。利用人耳对相位信息不敏感的特性，借助带噪语音信号的相位，经傅里叶反变换得到纯净语音信号的时域估计：

$$|\hat{S}(k,m)|^2 = |X(k,m)|^2 - |\hat{D}(k,m)|^2 \tag{10-3}$$

$$\hat{s}(n) = \text{IFFT}(|\hat{S}(k,m)| \exp(j\theta k)) \tag{10-4}$$

谱减法的基本原理如图 10-1 所示。

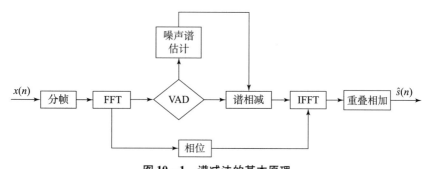

图 10-1　谱减法的基本原理

以上是谱减法的基本原理，谱减法因具有原理简单且易于实现的特点，成为当时最有影响力的增强算法，但局部平稳的假设与实际并不相符，谱减时在频谱上会出现随机的尖峰，

听觉上形成有节奏性起伏的音乐噪声。为提高谱减法的增强降噪效果，还有很多在基本原理上的改进算法，例如提出根据听觉掩蔽效应来动态调整谱减系数、减小语音失真的改进的谱减算法取得了良好的效果。

2. 维纳滤波法

维纳滤波法是按最小均方误差准则对带噪信号 $s(n)$ 进行估计，即选取纯净语音 $s(n)$ 的估计 $\hat{s}(n)$ 使均方误差 $\varepsilon = E\{(s(n) - \hat{s}(n))^2\}$ 最小，即

$$\hat{s}(n) = x(n) * h(n) = \sum_{k=-\infty}^{\infty} h(k)x(n-k) \tag{10-5}$$

把式（10-5）代入 ε，如式（10-6）所示：

$$\varepsilon = E\left\{\left|s(n) - \sum_{k=-\infty}^{\infty} h(k)x(n-k)\right|^2\right\} \tag{10-6}$$

由式（10-6）求得滤波器单位脉冲响应的最优解 $h(n)$。为计算简单，维纳滤波法通常在频域进行。对式（10-5）两边作傅里叶变换得到的传输函数如式（10-7）所示：

$$H = \frac{|S(k,m)|^2}{|S(k,m)|^2 + |D(k,m)|^2} \tag{10-7}$$

10.2.2 基于统计模型的语音增强算法

基于统计模型的语音增强算法中，通常假定纯净语音信号和噪声信号经傅里叶变换后的系数服从某一分布，然后根据某种估计方法（如最小均方误差准则、最大似然估计或最大后验概率估计）对纯净信号作出估计。统计算法中最典型的增强算法是 1984 年埃夫瑞姆（Ephraim）和马拉赫（Malah）提出的基于短时幅度谱的最小均方误差（Short Time Spectral Amplitude - Minimum Mean Square Error，STSA - MMSE）的增强算法。为计算简单，通常假定语音信号和噪声信号独立不相关，且谱数据都服从高斯分布，为书写方便，省略掉帧号 m。令 $X_k = R_k\exp(j\theta k)$、$S_k = A_k\exp(j\delta_k)$，其中 $\sigma_s^2(k) = E[|S_k|^2]$、$\sigma_d^2(k) = E[|D_k|^2]$，理论推导如下：

高斯模型下，给出以下的概率分布函数为

$$P(X_k \mid a_k, \delta_k) = \frac{1}{\pi\sigma_d^2(k)}\exp\left(-\frac{|X_k - a_k\exp(j\delta_k)|^2}{\sigma_d^2(k)}\right) \tag{10-8}$$

$$P(a_k, \delta_k) = \frac{a_k}{\pi\sigma_s^2(k)}\exp\left(-\frac{a_k^2}{\sigma_s^2(k)}\right) \tag{10-9}$$

根据幅度的最小均方误差准则求幅度谱估计，根据贝叶斯估计理论，下面式（10-10）中的 $|\hat{S}_k|$ 实质就是最小均方准则下的后验均值，可以写成式（10-11）。

$$|\hat{S}_k| = \operatorname{argmin}\{(|S_k| - |\hat{S}_k|)^2 \mid X_k\} \tag{10-10}$$

$$|\hat{S}_k| = E[|S_k| \mid X_k] = \frac{\int_0^{2\pi}\int_0^{\infty} a_k P(X_k \mid a_k, \delta_k) P(a_k, \delta_k)\,\mathrm{d}a_k\mathrm{d}\delta_k}{\int_0^{2\pi}\int_0^{\infty} P(X_k \mid a_k, \delta_k) P(a_k, \delta_k)\,\mathrm{d}a_k\mathrm{d}\delta_k} \tag{10-11}$$

把式（10-8）、式（10-9）代入式（10-11）并化简得到纯净语音信号的谱幅度估计，即

$$|\hat{S}_k| = \Gamma(1.5)\frac{\sqrt{v_k}}{\gamma_k}\exp\left(-\frac{v_k}{2}\right)\left[(1+v_k)I_0\left(\frac{v_k}{2}\right) + v_k I_1\left(\frac{v_k}{2}\right)\right]R_k \tag{10-12}$$

式中，$\Gamma(.)$ 表示伽马函数，$\Gamma(1.5) = \sqrt{\pi}/2$；$I_0(.)$ 和 $I_1(.)$ 分别表示零阶和一阶贝叶斯函数 v_k。定义如式（10 - 13），式中，$\gamma_k = |X_k|^2/\sigma_d^2(k)$，$\xi_k = E[|\hat{S}_k|^2]/\sigma_d^2(k)$，分别表示后验信噪比和先验信噪比。

$$v_k = \frac{\gamma_k \xi_k}{1 + \xi_k} \qquad (10 - 13)$$

研究表明人耳对声音强度的感受是与谱幅度的对数成正比的，在处理语音幅度谱时，采用对数失真准则更合适，埃夫瑞姆（Ephraim）和马拉（Malah）把最小均方误差（MMSE）算法改进为基于对数最小均方误差（Log Spectral Amplitude - MMSE，LSA - MMSE）算法。

以上算法都是基于假设语音信号和噪声信号的傅里叶变换系数服从高斯分布，但是语音信号是时变的、非平稳的，单一的某一分布并不适用于所有的信号，实际中只有当语音信号傅里叶变换系数分布与概率模型吻合时才能取得良好的消噪效果。研究人员又提出了很多改进的增强算法，例如基于拉普拉斯概率分布模型的最小均方误差算法，基于伽马概率分布模型的最小均方误差算法，基于训练的混合概率分布模型的增强算法，在不同的概率分布模型下采用不同的准则推导出不同的增益函数。

10.2.3　子空间法

语音信号处理的大量试验表明，语音矢量的协方差阵有很多零特征值，这说明纯净语音信号矢量的能量只分布在所对应空间的某个子集中。在语音信号处理中，噪声的方差通常都假设已知且严格正定，噪声矢量存在于整个带噪信号张成的空间中。因此，带噪语音信号的矢量空间可以认为由一个语音信号加噪声的子空间和一个纯噪声子空间构成。可以利用信号子空间处理技术消除噪声子空间，并对语音信号进行估计，实现语音增强。将信号空间分解为两个子空间通常有两种方法：①采用奇异值分解（Singular Value Decomposition，SVD）；②采用特征值分解（Eigen Value Decomposition，EVD）。按照信号处理域的不同，可将子空间法分为时域约束估计器和频域约束估计器。子空间分解的方法可以通过控制消除噪声程度和语音失真程度两方面来调节输出语音的质量。信号子空间分解的基本原理如下：

用 x、s 和 d 分别表示 K 维带噪语音矢量、纯净语音矢量和加性噪声矢量，假定加性噪声 d 与语音 s 互相独立，则有 $x = s + d$。设 $v_1, v_2, \cdots, v_M$ 是 Euclid 空间 R^k 上的相互线性独立的 K 维基矢量，则 s 可以写成下式的形式，其中 $V = [v_1, v_2, \cdots, v_M]_{k \times M}$，$a = [a_1, a_2, a_3 \cdots, a_M]^T$，$M < K$。

$$s = \sum_{m=1}^{M} a_m v_m = Va \qquad (10 - 14)$$

$$R_x = E[xx^H] = VR_a V^H + R_d$$
$$= U\Lambda_x U^H \qquad (10 - 15)$$

式中，$R_a = E[aa^H]$ 为正定矩阵，$R_d = E[dd^H] = \sigma_d I$；$U$ 是由 R_x 的特征矢量 u_k 构成的正交矩阵，$U = [u_1, u_2, \cdots, u_M]$；$\Lambda_x$ 是由 R_x 的特征值 $\lambda_{x,k}$ 构成的对角阵，$\Lambda_x = diag[\lambda_{x,1}, \lambda_{x,2}, \cdots, \lambda_{x,K}]$。

R_x 的特征矢量同样是 R_s 和 R_d 的特征矢量。为不失一般性，假设纯净语音信号矢量 s 的 M 个正定特征值为 $\lambda_{s,1}, \lambda_{s,2}, \cdots, \lambda_{s,M}$，相应的特征矢量为 $[\mu_1, \mu_2, \cdots, \mu_M]$；再假设所有的特征值以降序排列，则带噪语音矢量 x 的特征值为

$$\lambda_{x,k} = \begin{cases} \lambda_{s,k} + \sigma_d^2, & 1 \leqslant k \leqslant M \\ \sigma_d^2, & M < k < K \end{cases} \qquad (10-16)$$

则 $\boldsymbol{R}_x$ 的特征值分解 $\boldsymbol{\Lambda}_x = d\mathrm{iag}[\boldsymbol{\Lambda}_{x,1}, \sigma_d^2 \boldsymbol{I}]$，式中 $\boldsymbol{\Lambda}_{x,1} = d\mathrm{iag}[\lambda_{x,1}, \lambda_{x,2} \cdots, \lambda_{x,M}]$，$\boldsymbol{\Lambda}_{x,1}$ 中的特征值和相应的特征向量分别作为 $\boldsymbol{R}_x$ 中的主特征值和特征向量。

$\boldsymbol{R}_s$ 的特征值分解为

$$\boldsymbol{R}_s = U\boldsymbol{\Lambda}_s U^H \qquad (10-17)$$

式中，$\boldsymbol{\Lambda}_s = d\mathrm{iag}[\boldsymbol{\Lambda}_{s,1}, 0\boldsymbol{I}]$，$\boldsymbol{\Lambda}_{s,1} = \boldsymbol{\Lambda}_{x,1} - \sigma_d^2 \boldsymbol{I}$。

设 $U = [U_1 \quad U_2]$，U_1 为 $\boldsymbol{R}_x$ 的主特征矢量，是 $K \times M$ 阶矩阵。因为 U 是正交矩阵，所以 $\boldsymbol{I} = UU^H = U_1 U_1^H + U_2 U_2^H$，所以对任意带噪语音信号 x 都可以分解成下面的形式：

$$x = U_1 U_1^H x + U_2 U_2^H x \qquad (10-18)$$

式中，$U_1 U_1^H x$ 和 $U_2 U_2^H x$ 分别为信号子空间和噪声子空间，通常把噪声子空间置 0，在信号子空间中采用时域约束或频域约束构建最优滤波器，然后对信号进行估计。为改善增强的语音质量，有研究人员又提出分别把掩蔽效应加入子空间算法中，为提高算法的降噪效果还提出维纳滤波和子空间结合的方法。

10.2.4 基于听觉掩蔽效应的语音增强算法

听觉掩蔽效应是人的听觉系统所固有的一个听觉感知特性，其表现为语音信号能够掩蔽与其同时进入听觉系统的一部分能量较小的信号，使一个本来可以听得到的较低声压级的信号，会由于一个同时存在或时间上很接近的声压级较高信号的存在而变得听不到。基于听觉掩蔽效应的增强算法在提高信噪比的同时，能够将残留噪声和语音失真保持在人耳的听觉阈值之下，可以在残留噪声和语音失真之间取得良好的折中，是一比较有前景的增强降噪算法。但掩蔽阈值只有在纯净的语音条件下才能作出很好的估计，这类算法的难点在于如何准确地对掩蔽阈值作出估计。目前的听觉模型大概有 3 类：Terhardt 模型、Johnston 模型和 MPEG 模型，下面主要介绍 Johnston 模型。掩蔽阈值的计算过程如下。

（1）语音信号在各个临界频带的能量 B_i，$P(k,m) = |\hat{S}(k,m)|^2$，$h_i$ 和 b_i 表示频带 i 的上下限，$i = 1, 2, \cdots, i_{\max}$，$i_{\max}$ 的取值和采样频率有关。

$$B_i = \sum_{k=b_i}^{h_i} P(k,m) \qquad (10-19)$$

（2）为计算各频带间相互掩蔽的影响，定义如下的传播函数。式中 $\Delta = i - j$ 表示两个频带的频带号之差，$|\Delta| < i_{\max}$，则有

$$SF_{ij} = 15.81 + 7.5(\Delta + 0.474) - 17.5\sqrt{1 + (\Delta + 0.474)^2} \mathrm{dB} \qquad (10-20)$$

（3）考虑到频带间互相影响后，各个频带的能量重新以下式的方式计算：

$$C_j = \sum_{j=1}^{i_{\max}} B_i SF_{ij} \qquad (10-21)$$

由于噪声和音调的掩蔽特性不同，因此，首先判断各个频带是音调特性和噪声特性，可以根据谱平坦度判定（Spectral Flatness Measure，SFM），其定义如下：

$$\mathrm{SFM}_{\mathrm{dB}} = 10\log 10\left(\frac{GM}{AM}\right) \qquad (10-22)$$

式中，GM 和 AM 分别代表功率谱几何平均和算术平均，通常以如下的方式计算，N 为帧长的一半加 1。

$$\begin{cases} \log_{10}(GM) = \dfrac{1}{N}\sum_{k=1}^{N}\log_{10}(P(k,m)) \\[3mm] \log_{10}(AM) = \log_{10}\left[\dfrac{1}{N}\sum_{k=1}^{N}P(k,m)\right] \end{cases} \tag{10-23}$$

SFM $\in [0\ 1]$，其值为 0 时表示频带具有纯音特性，纯音的掩蔽阈值偏移量 $(14.5+i)$ dB，为 1 时具有白噪声特性，白噪声的掩蔽阈值偏移量为 5.5 dB。定义如下的音调系数 φ 为

$$\varphi = \min\left(\frac{\mathrm{SFM_{dB}}}{-60}, 1\right) \tag{10-24}$$

相对阈值偏移量为

$$O_i = \varphi(14.5+i) + 5.5(1-\varphi)\,\mathrm{dB} \tag{10-25}$$

掩蔽阈值的计算如下：

$$T_i = 10^{\log 10(C_i) - O_i/10} \tag{10-26}$$

最后需要把各个频带的掩蔽阈值映射到频率中的每个频率点上，并与绝对听觉掩蔽阈值比较，并取最大值，即

$$T = \max(T_i, T_q) \tag{10-27}$$

频率中绝对掩蔽阈值的计算过程如下，f 的单位为 kHz。

$$T_q(f) = 3.64(f)^{-0.8} - 6.5e^{-0.6(f-3.3)^2} + 0.001(f)^4\,\mathrm{dB} \tag{10-28}$$

以上介绍的是掩蔽阈值的计算过程。语音信号经过增强算法处理后，不可避免地会存在语音失真和残留噪声，$\varepsilon_s(k,m)$ 和 $\varepsilon_d(k,m)$ 分别表示信号失真和残留噪声：

$$\begin{aligned} \varepsilon(k,m) &= \hat{S}(k,m) - S(k,m) \\ &= [G(k,m)-1]S(k,m) + G(k,m)D(k,m) \\ &= \varepsilon_s(k,m) + \varepsilon_d(k,m) \end{aligned} \tag{10-29}$$

为把掩蔽效应加入增强算法中，可采用不同的限制条件推导出不同的增益函数，有学者提出了在使语音失真最小的前提下，限制语音失真和残留噪声的和小于听觉掩蔽阈值。$E_s(k,m) = E[\varepsilon_s^H \varepsilon_s]$，$E_d = E[\varepsilon_d^H \varepsilon_d]$。

$$G\colon \min[E_s(k,m)]\,E_s(k,m) + E_d(k,m) < T \tag{10-30}$$

在式（10-30）的约束下，可以推导出如式（10-31）所示的增益函数：

$$G = \begin{cases} \dfrac{\xi(k,m)}{1+\xi(k,m)}, & 0 < C < \dfrac{\xi(k,m)}{1+\xi(k,m)} \\[3mm] \dfrac{\xi(k,m) + \sqrt{\xi(k,m)(C-1)+C}}{\xi(k,m)+1}, & \dfrac{\xi(k,m)}{1+\xi(k,m)} \leqslant C < 1 \\[3mm] 1, & C \geqslant 1 \end{cases} \tag{10-31}$$

式中，$\xi(k,m)$ 为先验信噪比，实际中通常需要估计。$C(k,m) = T/\sigma_d^2$，σ_d^2 表示噪声的功率谱，实际中也需要估计。

上面是根据约束条件直接推导出的增益函数。还有一种基于噪声被掩蔽概率的增强算法，增益函数的表达式如下：

$$G(k,m) = \sqrt{p(k,m) + (1 - p(k,m))\,\widetilde{G}^2(k,m)} \qquad (10-32)$$

式中，$p(k,m)$ 为噪声被掩蔽的概率；$\widetilde{G}(k,m)$ 为基于任何形式推导出的增益函数。

10.3　麦克风阵列语音增强

单通道语音降噪方法因其原理简单和低复杂度等特点，过去在实际中应用较为广泛，但是其提供的算法性能并不能满足如今语音技术发展的需求，尤其是在一些较为苛刻的声学环境中，如车载免提电话。麦克风阵列语音降噪方法结合了阵列信号处理技术和传统的语音降噪算法，在信号处理过程中融入了语音的空间信息，具有灵活控制波束、较高的空间分辨率和强抗干扰能力等性能。这样的性能可为语音降噪处理带来更优质的语音质量并适应更多的应用场景。

一般的单麦克风降噪方法如维纳滤波因其算法简单快速并有一定的效果而应用广泛，但是应用这样的单麦克风降噪方法会导致信号失真或引入所谓的音乐噪声，因此，21 世纪以来，基于麦克风阵列的语音降噪方法开始得到广泛的研究。麦克风阵列系统具有空间选择特性和高信号增益特性，通过麦克风阵列引进的空间信息能在复杂的声学环境中提高降噪算法的效果。最早基于麦克风阵列降噪的方法是固定波束形成方法，出现在 1985 年，在发展过程中，陆续出现诸如自适应波束形成方法和阵列子空间方法等优秀的方法，并在不断地优化改进。近些年，基于深度学习的阵列降噪方案也为进一步提高语音降噪性能开辟新的思路。作为现代科技的语音拾取工具，麦克风广泛地应用在通信、会议、演讲等场合。但在实际环境中，单麦克风对语音灵活拾取及信号处理的能力有限。为了得到更高的语音拾取及处理质量，科研人员开始研究使用麦克风阵列作为接收语音信号的模型。20 世纪 90 年代，麦克风阵列语音降噪逐渐成为研究的热点，阵列语音降噪方法目前在发展过程中，形成了若干较为成熟的阵列降噪方法和一些较为前沿的探索研究方法。下面主要介绍麦克风阵列降噪中比较成熟的常用技术。

10.3.1　麦克风阵列语音处理模型

麦克风有两种类型，主要是全向性麦克风和方向性麦克风，在麦克风阵列语音降噪系统中应用的是全向性麦克风。阵列信号处理技术就是利用多个传感器发射或接收信号，而麦克风阵列即指由一组不同位置的麦克风按照特定的规则布置的阵列，图 10-2 是一个麦克风阵列装置的示意图。不同的麦克风阵列处理模型会有不同的阵列降噪处理算法，在阵列装置中每个麦克风会接收到声音源的直达信号、延时反射信号和不同噪声源的噪声信号等。

按照麦克风不同的空间位置摆放，麦克风阵列拓扑结构主要有均匀线阵、嵌套线阵和非均匀线阵等一维线性阵列，以及均匀圆阵、非均匀圆阵及方阵等二维面阵和三维立体阵。实际中应用较多是均匀线阵、嵌套线阵和均匀圆阵，通常麦克风阵列降噪方法研究中应用的是线阵模型。线阵模型由阵元中心位于同一直线上且相距一定距离的麦克风构成，每个麦克风具有相同的灵敏度和相位。目前已有研究表明，不同的麦克风阵列拓扑结构会对阵列语音降噪系统性能产生较大的影响。

与单麦克风系统比较起来，使用麦克风阵列系统接收语音信号有许多优点。

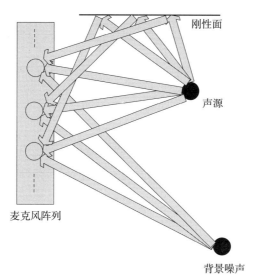

图 10-2　麦克风阵列装置示意图

（1）麦克风阵列系统增加了空间选择性，以"电子瞄准"的方式定位声音源的位置，拾取目标语音信号，同时抑制环境噪声和其他方向的说话人声音。

（2）麦克风阵列系统可以获取多个声音源并且不限制声音源移动，可在接收区域内追踪正在说话的人，尤其在某些特殊场合中非常适用。而即使高方向性的单麦克风系统也只能拾取单路信号，而且不能跟随声音源移动，限制了应用范围。

（3）麦克风阵列系统接收到的语音信号带有的空间信息可以提高降噪效果。麦克风阵列系统的缺点是麦克风数量越多接收到的混响声也越多，声压级大幅度下降，声音越不清晰；另外，由于使用多个麦克风，在一些小的设备中不容易摆放并占据一定的空间。实际上，在满足需求的前提下应该在麦克风阵列系统中尽量减少麦克风的数量。

10.3.2　时间延迟估计技术

在麦克风阵列语音信号处理模型中，由于各个通道的麦克风与声音源之间的距离不同，每个麦克风接收到的语音之间会有不同的时间差，这个时间差称为时间延迟（Time Difference Of Arrival，TDOA）。在后续的降噪方法处理中，保持各通道语音信号时间同步是提高算法效果的前提条件。因此确保时间延迟的精准估计是麦克风阵列语音信号降噪处理系统的一个基本问题。

假设麦克风阵列的拓扑结构是图 10-2 中的线性均匀阵列，则在空间中各个麦克风接收到的信号的模型如图 10-3 所示。其中角度 φ 是入射语音信号与阵列的法线间的夹角，即入射角，d 是麦克风间的距离。

在时延估计中，需要对信号源作两个假设，以便更为清晰地分析：①语音信号源从一个点源产生；②语音信号源定位远场，即信号源与麦克风阵

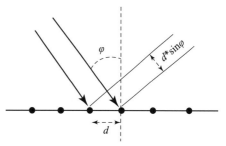

图 10-3　麦克风阵列信号接收模型

列间的距离足够远，从而球面波能合理认为是平面波，如图 10 - 4 所示。这两个假设其实在大部分麦克风阵列系统情况下都成立。

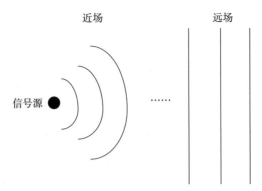

图 10 - 4　远场信号源模型

由于假设信号源入射到阵列为平面波（图 10 - 3），当信号的入射角为 0°时，则语音信号同时间到达各个麦克风；当入射角为 90°时，即信号源与线性均匀阵列位于同一水平线，则语音信号将以最大时延依次到达各个麦克风。更为一般的情况是，因为麦克风阵列为均匀阵列，任意两个相邻的麦克风之间接收的语音信号在空间中传播的距离为 $d \times \sin\varphi$，这个距离造成的时间延迟为

$$\tau(\varphi) = \frac{d \times \sin\varphi}{c} \tag{10-33}$$

式中，φ 为入射角；d 为麦克风向的距离；c 为声波在空气中传播的速度。

广义互相关（Generalized Cross Correlation，GCC）时延估计算法是应用较为广泛的时延估计方法，由克纳普（Knapp）和卡特（Carte）两位学者在 1976 年第一次提出，奥莫洛戈（Omologo）和斯瓦伊泽（Svaizer）两位学者在 1994 年进一步提出更为优化的方案。假设任意的两个麦克风分别接收到的语音信号是 $x(n)$ 和 $y(n)$，则有

$$x(n) = s(n) + w_x(n) \tag{10-34}$$
$$y(n) = s(n - T) + w_y(n) \tag{10-35}$$

式中，n 为采样点数；$s(n)$ 为纯净语音信号；$w(n)$ 为干扰噪声；T 为两个麦克风间的时间延迟。两个语音信号的互相关函数如下式表达：

$$R_{xy}(\tau) = E[x(n)y(n - \tau)] \tag{10-36}$$

代入式（10 - 34）~式（10 - 36），则有

$$R_{xy}(\tau) = E[s(n)s(n - T - \tau)] + E[s(n)w_y(n - \tau)] + $$
$$E[s(n - T - \tau)w_x(n)] + E[w_x(n)w_y(n - \tau)] \tag{10-37}$$

噪声 $w_x(n)$ 和 $w_y(n)$ 之间假设互不相关，信号 $s(n)$ 和噪声 $w(n)$ 同样假设互不相关，则有

$$R_{xy}(\tau) = E[s(n)s(n - T - \tau)] = R_{ss}(\tau - T) \tag{10-38}$$

式中，R_{ss} 为纯净信号 $s(n)$ 的自相关函数，当 $\tau = T$ 时，自相关函数得最大值。因此，求解语音信号是 $x(n)$ 和 $y(n)$ 之间的时延 T 转化为求解 $R_{xy}(\tau)$ 的最大值问题。

根据功率谱与互相关之间转化关系，则有

$$R_{xy}(\tau) = \int_{-\infty}^{+\infty} G_{xy}(w) e^{j\pi\tau} dw \tag{10-39}$$

式中，$G_{xy}(w)$ 为 $x(n)$ 和 $y(n)$ 之间的互功率谱。

由于实际处理中，语音信号 $x(n)$ 和 $y(n)$ 是经过分帧短时处理的，并且信号中带有噪声，导致 $R_{xy}(\tau)$ 的峰值可能不明显。因此，为了提高时延计算精度，可以在式（10-39）中加入信号与噪声的先验知识，即选择一个合适的加权函数对互功率谱 $G_{xy}(w)$ 进行预处理，以抑制上述的信号干扰。此时处理就可以得到峰值更为明显的互相关函数，即所谓的广义互相关函数：

$$R_{xy}^C(\tau) = \int_{-\infty}^{+\infty} \psi_{xy}(w) G_{xy}(w) e^{j\pi\tau} dw \tag{10-40}$$

式中，$\psi_{xy}(w)$ 为加权函数。这里可以选择最大似然加权函数（Maximum Likelihood，ML）：

$$\psi_{xy}(w) = \frac{|\Phi_{xy}(w)|}{|G_{xy}(w)| \times (1 - |\Phi_{xy}(w)|^2)} \tag{10-41}$$

式中，$\Phi_{xy}(w)$ 为 $x(n)$ 和 $y(n)$ 之间的相干函数：

$$\Phi_{xy}(w) = \frac{G_{xy}(w)}{\sqrt{G_{xx}(w) * G_{yy}(w)}} \tag{10-42}$$

10.3.3　固定波束形成基本原理

波束形成的原理是通过空时信息对信号进行滤波，加强获取指定方向上的目标信号同时减弱其他方向上的干扰噪声信号，类似通过阵列形成一个波束指向目标信号源，所以形象地称为波束形成，与无线通信中的波束形成技术原理一致。固定波束形成是最简单的波束形成方法，也称为延时—累加法（Delay and Sum Beamforming，DSB），最初由弗拉纳根（Flanagan）在 1985 年提出，理论上能保持目标语音信号幅度不变并衰减噪声。

固定波束形成算法通过对阵列中各个麦克风在不同时间接收到的语音信号进行时延补偿，从而使信号在时间上对齐。麦克风阵列的波束将指向功率输出最大的目标信号方向，即对准声音源的空间位置，然后对时间上已对齐的各路通道信号进行加权、相加和平均得到最后的输出信号。固定波束形成原理如图 10-5 所示。

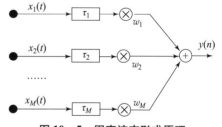

图 10-5　固定波束形成原理

在图 10-5 中，$x_i(n), i = 1, \cdots, M$ 为各路麦克风接收到的语音信号，$\tau_i, i = 1, \cdots, M$ 为时延补偿，$w_i, i = 1, \cdots, M$ 为各路信号的加权系数，则固定波束形成系统的输出为

$$y(n) = \sum_{i=1}^{M} w_i x_i(n - \tau_i) \tag{10-43}$$

式中，M 为麦克风的数量。

当加权系数 $w_i, i = 1, \cdots, M$ 设为 $1/M$ 时，输出的语音信号不会有任何信号失真，此时输出信噪比可以提高 $10\log_{10} M$ dB。

固定波束形成算法的优点是实现简单，但是它的性能依赖于麦克风的数量和语音信号的频率情况，因此降噪效果不稳定。此算法相对适用于干扰噪声为相干噪声的情况，另外，因为滤波器系数（加权系数）不随时间自适应的变化，即波束形成的波束固定不变，如果目标声源位置或者干扰噪声方位发生移动，此方法的降噪性能将大受影响。因此，需要考虑通过加入自适应滤波的方式提高波束形成的性能与稳定性。

10.3.4 自适应波束形成原理

自适应波束形成是如今实际应用较为广泛的一种波束形成方法，与固定波束形成不变的加权系数不同，此类方法的加权系数是基于麦克风接收信号的，会自适应变化，从而使系统具有更好的鲁棒性。最早提出的自适应波束形成称线性约束最小方差（Linearly Constrained Minimum Variance，LCMV）自适应波束形成器，可见于学者弗罗斯特（Frost）在1972年发表的论文。该方法的思想是保证空间中目标信号方向上的增益一定，同时使麦克风阵列输出信号的功率最小化。首先跟固定波束形成一样，对各路麦克风的信号进行延时补偿，使信号在时间上对齐；然后在一个预设的频率响应约束下，保持波束形成器在目标信号方向上的频率响应不变，同时使阵列输出信号的总功率最小化。在这样的条件下，即可保证输出语音信号中噪声功率保持最小。

1982年，格里菲思（Griffiths）和吉姆（Jim）两位学者在线性约束最小方差自适应波束形成器的基础上，提出一种经过改进的线性波束形成器，即目前通用的自适应波束模型——广义旁瓣抵消器（Generalized Sidelobe Canceller，GSC）。GSC主要由3个模块组成：第一个模块是固定波束形成器（Fixed Beam Forming，FBF），可以得到参考语音信号；第二个模块是阻塞矩阵（Block Matrix，BM），可以得到参考噪声信号；第三个模块是自适应抵消器（Noise Canceller，NC），可以进一步去除固定波束形成器输出参考语音信号的残余噪声。基于GSC的自适应波束形成器系统原理如图10-6所示。

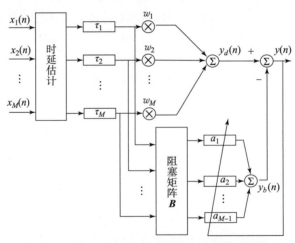

图10-6 基于GSC的自适应波束形成器系统原理

该系统可分为上下两个通路。有用的目标信号从上方的非自适应通路通过，而噪声信号则从下方的自适应通路通过，最终由自适应抵消器估计实时噪声并抵消。

由式（10-43）式可知，自适应波束形成器中上方通路的输出为

$$y_d(n) = \sum_{i=1}^{M} w_i x_i(n - \tau_i) \tag{10-44}$$

下方通路包括一个阻塞矩阵处理模块和一个 $M-1$ 阶的自适应 FIR 滤波器。其中阻塞矩阵的功能是抵消掉目标方向上的信号，得到干扰噪声的组合。由于上方通路的固定波束形成模块中，各个麦克风信号已经经过时延补偿对齐，可以认为波束的注视方向上的语音信号具有相同相位，所以设计阻塞矩阵时，只要满足阻塞矩阵里的每一列元素之和为 0，即可保证它的输出不会含有目标方向上的信号。

阻塞矩阵的输出信号的表达式为

$$u(n) = \boldsymbol{B}^{\mathrm{T}} x(n) \tag{10-45}$$

设阻塞矩阵 $\boldsymbol{B} \in \mathbb{R}^{(M-1) \times M}$ 的第 m 行元素向量表示成 $\boldsymbol{b}_m^{\mathrm{T}}$，则 B 的所有行元素需满足

$$\boldsymbol{b}_m^{\mathrm{T}} \cdot 1 = 0 \tag{10-46}$$

因为向量 $\boldsymbol{b}_m^{\mathrm{T}}$ 是彼此线性独立的，所以输出信号 $u(n)$ 中线性独立的向量元素不超过 $M-1$ 个。一个常用的满足阻塞矩阵要求的矩阵如下：

$$\boldsymbol{B} = \begin{bmatrix} 1 & -1 & 0 & 0 & \cdots & 0 \\ 0 & 1 & -1 & 0 & \cdots & 0 \\ \vdots & \ddots & \ddots & \ddots & \ddots & \vdots \\ 0 & \cdots & 0 & 1 & -1 & 0 \\ 0 & \cdots & 0 & 0 & & -1 \end{bmatrix} \tag{10-47}$$

阻塞矩阵的输出还要再经过一个自适应 FIR 滤波器，得到最后的实时噪声估计输出，表达噪声输出的公式为

$$y_b(n) = a^{\mathrm{T}} u(n) \tag{10-48}$$

最终，可以得到降噪后的语音信号输出：

$$y(n) = y_d(n) - y_b(n) \tag{10-49}$$

自适应 FIR 滤波器中的系数 $a_k, k = 1, 2, \cdots, M-1$ 是决定实时噪声估计的关键因素，系数的选择应满足使系统的输出功率最小化，即满足 LCMV 方法中的条件，只是此时的问题求解转变为无约束的 LMS 问题。

GSC 的滤波器系数自适应更新公式如下：

$$a_k(n+1) = a_k(n) + \mu y(n) u_k(n), k = 1, 2, \cdots, M-1 \tag{10-50}$$

式中，μ 为步长；k 为滤波器的第 k 个系数。

由自适应波束形成的噪声去除过程可以分析，这个算法会对相干噪声会有较强的抑制能力。广义旁瓣抵消器在应用过程中需要假设已经目标信号在空间中的到达方向（Direction Of Arrival, DOA），也就是需要精准地估计时间延迟，从而构建阻塞矩阵 $\boldsymbol{B}$。若估计的目标信号方向与实际方向不符，也就是所谓的 DOA 失配，会导致部分有用目标信号泄露至自适应通路，这部分目标信号将被抵消，最终引起降噪处理后信号的失真。这是广义旁瓣抵消器可能出现的一个固有缺点。部分学者有提出一些方法改善这个问题，如一种在时变环境下的韧性频域自适应波束形成方法。该方法以声学环境的转移函数代替传递函数本身来构造阻塞矩阵，从而产生噪声参考信号，可以在一定程度上减少目标语音信号泄漏至自适应波束形成器的下方噪声通路中，因此减少信号失真的可能性。

总而言之，与固定波束形成比较，自适应波束形成降噪方法可以以较少的麦克风实现较好的降噪性能，适用于抑制强相关的干扰噪声，但当干扰噪声源比较多或者散射较密集时，此方法降噪性能将会下降。

10.3.5 阵列子空间方法

10.3.4 节介绍的波束形成语音降噪方法主要基于信号处理和统计估计理论，实际上在语音降噪领域还有基于线性代数理论的方法。具体说，这类方法认为目标纯净语音信号是带噪语音信号在欧式（Euclidean）空间中的一个子空间。基于线性代数的方法计算复杂度相对较高但能实现更好的降噪效果。子空间方法的原理是将带噪信号子空间分成信号子空间和噪声子空间两个部分，而纯净目标语音信号可以在信号子空间中估计出来。

信号子空间降噪方法最初由埃夫瑞姆（Ephaim）和凡·特里斯（Van Trees）两位学者在 1995 年提出，当时用于单麦克风信号模型，在干扰噪声为白噪声的情况下降噪效果理想。随后在 2001 年，贾布伦（Jabloun）和尚帕涅（Champagne）两位学者把单通道子空间方法扩展到麦克风阵列模型的形式，开始了人们对阵列子空间方法的研究。而雷扎耶（Rezayee）和盖泽（Gazor）则在子空间方法基础上，通过对噪声向量的协方差矩阵近似对角化从而更有效地处理有色干扰噪声；伊虎和菲利普斯（Philipos）又通过联合分解语音和干扰噪声和协方差矩阵，得到基于子空间方法的最优估计，都取得不错的语音降噪效果。

在子空间语音降噪技术中，带噪信号子空间被分成信号子空间和噪声子空间，两个子空间的信号分别由纯净语音和噪声主导，这一过程可以通过线性代数里常用的正交矩阵分解技术实现，比如特征值分解（EVD）和奇异值分解（SVD）。通过这样的分解得到的正交矩阵可以看作是信号的相关变换（Signal – Dependent Transform，SDT），事实上，这个信号变换通常称作 Karhunen – Loeve 变换。子空间方法降噪的关键核心是从上述信号子空间中合理求解一个线性滤波器，通过线性滤波器对信号进行噪声滤波；而求解线性滤波器的要点在于合理估计信号子空间的维度和噪声的功率谱以及拉格朗日乘子的选择。

子空间方法原理其实可以追溯到多元统计分析，比如早期的主成分分析。如今子空间方法已经应用广泛，包括谱估计、语音识别、图像处理和阵列信号分析等领域，都能看到子空间方法的身影。

10.4　其他语音增强技术

10.4.1 回声消除技术

在全球网络化的今天，会议系统已经不能完全局限在一个单独的相对封闭的空间，多会议室的互联已经越来越普及，其中远程电话会议就是一个典型的情况。但是由于会议是多人参与，因此不可避免要用到扩声系统，这也给电话会议带来诸多问题，其中回声就是一个非常重要的问题。

在一个典型的电话会议系统中，当远端的语音通过近端扩声设备放出来时，由于环境的相对封闭性，声波会直接传给或在室内经过一连串的反射后传输给近端的麦克风。这些声波将会通过麦克风传给远端的扩声设备，形成回声，如图 10 – 7 所示。由于回声

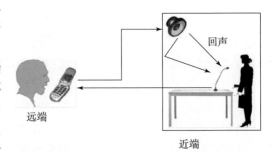

图 10 – 7　基本电话会议系统声学回声

的影响，远端说话人会在扩声设备里面听到自己发出的声音，造成话音质量下降，通话不舒适，交流通畅度也大幅下降。

通过分析声学回声的产生机理可以知道，通过控制扩声系统的周围环境可以减少扩声系统播放声音的反射。如在周围墙壁上附加一层吸音材料，或者增加一层衬垫以加强散射。理想的周围环境是混响时间（RT-60，即声音衰减 60 dB 所需时间）在 300~600 ms 之间。在这样的环境下，一方面可以控制反射，另外，又不会使说话者感到不适。改善环境虽然可以很好地抑制反射声学回声，但是对于直达声学回声却无能为力，并且改造周围环境成本过高，且可移植性较差。

使用回声抑制器消除回声是较早使用的一种回声控制方法，因为其简单易实现，且成本低廉，在回声消除最初的发展过程中，有着很好的市场。回声抑制器是一种非线性的回声消除方法，通过简单的比较器将远端传输过来的信号与近端麦克风采集的信号做比较。如果远端传输过来信号高于某个阈值，就允许扩声设备发声，并且阻止近端麦克风传输信号，以阻止声学回声传输给远端。如果麦克风采集信号高于某个阈值，则阻止扩声设备发声，同时打开近端麦克风，将采集信号传给远端。回声抑制器其本质是将全双工通信变为半双工通信。由于这是一种非线性的回声消除方法，会引起通话不连续的现象发生，引起通话质量的下降，随着更多的高性能线性回声消除器的出现，这种方法几乎已经完全被淘汰了。

回声消除的另一种办法就是使用声学回声消除器（Acoustic Echo Canceller，AEC）。声学回声消除器是以远端信号和由它产生的多路回声信号的相关性为基础，建立远端信号的语音模型，利用它对回声进行估计，并不断修改滤波器参数，使其更加逼近真实回声；然后再将估计值从麦克风输入信号中减去，以达到回声消除的目的。声学回声消除器效果好，运用广泛，可移植性强，几乎现在所有的回声消除技术都是基于此原理的。

近些年，随着深度学习技术的兴起，研究人员将深度神经网络结合大量通信系统中的声学回声数据进行学习，从而为回声消除算法提供了新的解决途径。

10.4.2　语音去混响

在现实环境中，到达人耳的声音包括原始声源发出的声音及其在各种表面上的反射，特别是在一些密闭空间中，当使用麦克风、手机等接收设备时，原始声音与这些衰减的、延迟的反射相结合以形成混响信号。当在现实的房间内环境中，当麦克风被放置在远离说话者时，接收到的信号将是由墙壁、天花板和地板的反射引起的原始语音信号的许多延迟和衰减的集合。适度的混响会使声音听起来饱满、自然，相反，过多的混响会影响语音的音质和清晰度，不可避免地会导致语音可识别性和语音质量下降。在混响环境下，听力受损的听众的语音清晰度明显降低，混响严重时对听觉正常的听众也会产生一定的影响。这对人的感知以及身份认证系统和语音识别系统等的鲁棒性提出了挑战。例如，当扬声器和麦克风之间距离较大时我们称为远讲麦克风，这种情况下接收到的语音信号会受到背景噪声和室内混响的严重影响。解决远讲语音问题是 ASR 和其他语音处理系统的一项重要任务。

接收者收到的源语音信号是由直达路径和多次反射路径混合而成。当声源停止发声时，声波在房间内每次反射的一部分能量会被吸收，因此语音信号的能量将以指数的形式衰减。混响可以看作是直接语音与具有许多逐渐衰弱、连续延迟的回声信号的叠加。但在声源停止发声后，有些声波混合持续了一段时间，这个时间称为混响时间。直达声和反射声原理如图 10 – 8 所示。

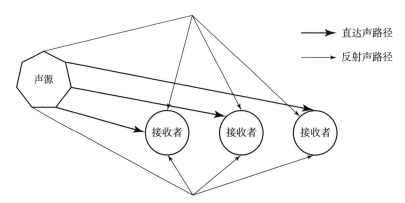

图 10 – 8　直达声和反射声原理示意图

在混响环境中，麦克风接收到的语音信号可以表示为

$$y(n) = \sum_{k=0}^{\infty} \rho_k s(n - kn_k) \qquad (10-51)$$

式中，$y(n)$ 为混响信号；$s(n - kn_k)$ 为经过第 n_k 条路径反射到接收端的语音信号；ρ_k 为反射系数。根据相关的卷积运算知识，可以将上式化作为语音信号与冲激响应的卷积：

$$y(n) = s(n) * \sum_{k=0}^{\infty} \rho_k s(n - kn_k) = s(n) * h(n) \qquad (10-52)$$

式中，$s(n)$ 为无混响语音信号；$h(n)$ 为房间冲击响应；$*$ 为卷积运算。由上式可以看出，混响信号即为房间冲激响应与原始信号的卷积，其中房间冲激响应为一连串的单位冲激响应的叠加，即代表了不同路径到达的信号经过反射系数之后对源语音信号的影响作用。

混响是由声信号从声源到封闭空间内麦克风的多路径传播产生的，它会沿时间和频率扭曲语音信号。在过去的几十年里，学者们不断地研究混响所带来的负面影响和混响消除的相关方法，并提出了许多切实可行的解决方案。传统的语音混响消除方法一般假设混响语音信号模型，通过估计模型参数得到混响消除后的语音。许多研究人员尝试使用同态分析（也就是反卷积技术）进行混响消除。反卷积技术可以估计房间冲激响应，并将其反转应用于混响麦克风输出。近些年，随着人工智能和机器学习的发展，国内外许多学者尝试在不考虑混响语音信号模型参数的情况下，直接使用神经网络对混响语音进行混响消除，这种新方法如今也成为解决语音混响问题的主流。

第 11 章

语音合成

11.1 语音合成概述

语音合成是一项具有挑战性的任务，就像用机器模拟任何人类功能一样困难。可理解的语音生成相对简单。迄今为止，自然发音语音合成是一项成就有限的任务。文本到语音（Text To Speech，TTS）系统一般是指将正常语言文本转换为语音；而其他系统则将符号语言表示（如语音转录）转换为语音。语音合成器的质量取决于其与人声的相似性和清晰理解的能力。

早在利用电子器件进行信号处理的技术发明之前，就有人试图制造机器来模仿人类的语音。1780 年，冯·坎佩伦（Von Kempelen）建造了一台声学机械语音机器，用一些气囊和风箱搭建语音系统来合成一些元音和单音；此外，这个系统增加了舌头和嘴唇的模型，使它能够产生辅音和元音。1936 年，语音时钟服务首次在英国推出，这是第一个实用的文本到语音合成实例。"J. Cain 小姐"的声音通过光学方式记录在玻璃盘上，类似电影原声带。声音信息存储在 4 个玻璃磁盘上，两个磁盘用于"分钟"，1 个用于"小时"，一个用于"秒"。句子中的其他单词分布在 4 个磁盘上，所以 4 个单词可以同时使用进行报时。20 世纪 30 年代，贝尔实验室开发了声码器，它可以自动将语音分析为基本音调和共振。1950 年，富兰克林·库珀（Franklin Cooper）和他的同事发明了模式回放系统，这个系统以频谱图的形式将语音声学模式的图像转换回声音。DECtalk 数字设备公司于 1984 年开发了一种文本到语音的共振峰合成器，主要基于麻省理工学院学者丹尼斯·克拉特（Dennis Klatt）的工作，其使用的源—滤波算法被称为 Klatt Talk 或 MI Talk。DECtalk TTS 系统已经开发多年，它可以为无法说话的人提供生成语音的帮助，斯蒂芬·霍金（Stephen Hawking）就是该产品的一位著名的用户。

早期的电子技术语音合成器听起来像机器人，通常几乎听不懂。1990 年提出的基音同步叠加（Pitch Synchronous Overlap and Add，PSOA）算法是一种基于时域波形拼接的语音合成方法，大大提高了合成语音的音色和自然度。20 世纪 90 年代末，中国学者提出了听觉感知量化的思想并第一次使汉语语音合成技术实用化。20 世纪末，出现了另一种基于隐马尔可夫模型（HMM）的参数合成技术。从 2005 年开始，语音合成器变得更便宜、更容易使用，越来越多的人受益于文本到语音程序的使用。合成语音的质量逐步提高，但截至 2016 年，现代语音合成系统的输出仍与实际人类语音有明显区别。21 世纪初合成出的语音"机器味"较浓，表现力差，随着深度学习技术的发展，现在的语音合成技术已经能在朗读、播音、手机助手等场景下生成逼真的"人声"，人机交互的真实感大大提升；在此基础上，合成更有表现力，更能体现情感表达的语音成了新的研究热点。

在近些年的深度学习语音合成领域，百度 AI 研发的一个完全由深度神经网络构建的高质量语音转文本系统 Deep Voice，至今经历了三代模型：前两代 Deep Voice 模型的主要思想是仿照参数合成过程进行语音合成；第三代 Deep Voice 模型则借鉴了端到端的思想进行语音合成，引入了一种全卷积序列到序列模型来进行语音合成。谷歌公司于 2017 年提出的第一个真正意义上的端到端语音合成系统 Tacotron，其工作流程主要是输入文本，输出该文本对应的声音信号梅尔语谱图，再通过 Griffin – Lim 声码器将语谱图转换成波形。目前 Tacotron模型经历了两代，第二代 Tacotron 模型主要的改进是简化了第一代模型，同时将声码器替换为 Wave Net 神经网络结构，提高了语音合成的自然度。由微软提出的一种快速、鲁棒的语音合成模型 Fast Speech，主要借鉴了神经网络模型中 Transformer 的思想。提出 Fast Speech的主要目的是为了解决基于神经网络端到端的语音合成主流模型存在的合成速度较慢以及鲁棒性差的问题。Fast Speech 的核心改进主要有两点：①并行生成梅尔频谱，极大地加速声学特征的生成；②考虑了鲁棒性，确保文本和语音之间的对齐性。基于深度学习的语音合成技术近些年取得了显著进展，成为目前主流的语音合成方法。

11.2 语音合成的关键技术

下面简要概述现代语音合成中最流行和最成功的技术，这些技术大多使用计算机算法，而不是机械或电气方法。语音合成方法包含以下几类：①发音合成法模拟发音器官的运动和声道的声学特点；②共振峰合成基于声学模型，创建规则或滤波器来创建每个共振峰；③级联合成使用存储的语音数据库来组合新的语音；④基于隐马尔可夫模型的合成在生成模式下运用统计隐马尔可夫模型；⑤近些年，深度神经网络已经在从文本到语音中进行了成功尝试。每种技术都有优点和缺点，通常会根据合成系统的预期用途来决定采用哪种方法。

11.2.1 发音合成

发音合成是指基于人类声道模型和发音过程的语音合成技术。声道的形状可以通过多种方式进行控制，通常包括改变发音器官的位置，如舌头、下颌和嘴唇。发音合成是通过数字方式来模拟气流通过声道而产生的，是早期使用的技术，比较复杂，合成音质不理想。

11.2.2 共振峰合成

共振峰合成在运行时不使用人类语音样本，相反，合成语音输出是基于声学模型（物理建模合成）创建的。基频、声道和噪声级等参数随时间变化，以创建人工语音波形。这种方法有时称为基于规则的合成，其中应用了持续时间、音高和能量规则。共振峰合成结合多个共振峰滤波器来模拟声道的传输特性，并对激励源信号进行调制，最终通过辐射获得合成语音。许多基于共振峰合成技术的系统都会生成人工的、机器人发音的语音，这些语音永远不会被误认为是人类语音。共振峰合成器有 3 种类型：级联共振峰合成器、并行共振峰合成器和混合共振峰合成器。

在级联模型中，声道由一组串联的二阶谐振器描述，共振峰滤波器端到端进行连接，它的传递函数 $V(z)$ 是将每个共振峰的传递函数相乘的结果。级联模型主要用于绝大部分元音

的合成,即

$$V(z) = G \cdot \prod_{i}^{n} V_i(z) = \frac{G}{1 - \sum_{k=1}^{p} a_k z^{-k}} \qquad (11-1)$$

$$V_i(z) = \frac{1}{1 - 2e^{-\pi b_i} \cos(2\pi f_i) z^{-1} + e^{-2\pi b_i} z^{-2}} \qquad (11-2)$$

图 11 – 1 中显示了瑞典语音学家冈纳·范特(Gunnar Fant)于 20 世纪 60 年代建造的级联共振峰合成器 OVE 原理,对每个系统进行连续数周的调优可以获得更好的结果。

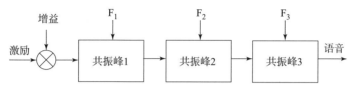

图 11 – 1 级联共振峰合成器 OVE 原理框图

图 11 – 2 所示的并行共振峰合成器中,首先调整输入信号的振幅,然后将其添加到每个共振峰滤波器中,最后叠加每个通道的输出,其中 A_l 是每个通道的增益因子。试验表明,3 个共振峰对于可理解的语音来说足够好了。

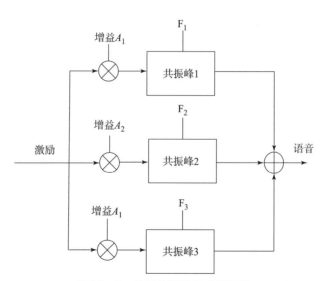

图 11 – 2 并行共振峰合成器框图

并行模型的传递函数可以表示为每个共振峰的传递函数相加的结果,通过调整相应的系数可以获得比串行模型更好的效果,能够更好地描述和模拟鼻化元音等非一般元音以及大部分辅音:

$$V(z) = \sum_{l=1}^{M} \frac{A_l}{1 - B_l z^{-1} - C_l z^{-2}} = \frac{\sum_{r=0}^{R} b_r z^{-r}}{1 - \sum_{k=1}^{p} a_k z^{-k}} \qquad (11-3)$$

在 20 世纪 50 年代和 60 年代,人们经常争论并行合成器、级联合成器哪个更好。级联合成器和并行合成器之间的竞争一直持续到 20 世纪 70 年代。级联合成器擅长产生元音，需要较少的控制参数，但对鼻音、停顿和摩擦音的处理较差。并行合成器对鼻音和摩擦音更好，但对元音就没那么好了。丹尼斯·克拉特（Dennis Klatt）提出了一种综合方法，并将这两种形式结合起来。1983 年，DECtalk 系统在丹尼斯·克拉特的工作基础上开发出来，然后产生了斯蒂芬·霍金的声音。

丹尼斯·克拉特发明的混合共振峰合成器结合了级联和并行合成器的方案。他还对人工语音源进行了重大改进。混合共振峰模型中有 3 种激励源：①合成浊音时的周期脉冲序列；②合成清浊语音时的伪随机噪声；③合成浊音摩擦音时的周期脉冲调制噪声。对于任意文本的合成，每个音素的共振峰和带宽都是通过分析单个人的语音来确定的。每个音素的模型可以是单个时间点上一个规范音素的一组共振峰频率和带宽，或者是频率、带宽和源模型随时间的轨迹。每个音素的共振峰频率随时间的推移使用共同发音模型进行组合。

共振峰合成不是指定嘴的形状，而是指定用于滤波语音源波形的谐振器的频率和带宽。共振峰频率分析困难，带宽估计更加困难。但共振峰合成中最大的感知问题不在于共振，而在于声门激励源模型产生的"嗡嗡"声的质量。若对声门激励源和共振峰的细节进行很好的建模，则共振峰合成听起来可以和自然发声一样。

另一种共振峰合成方法是 20 世纪 70 年代发展起来的，基于线性预测编码（LPC）。该方法使用 LPC 派生的滤波器和语音源来创建合成语音（图 11 – 3）。它是一种"源滤波器"模型，激励信号由白噪声序列和周期脉冲序列组成，经过选通、放大和时变数字滤波器，就可以得到语音信号。线性预测编码合成大大减少了语音生成所需的信息量。

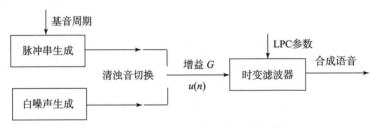

图 11 – 3　基于线性预测编码的语音合成方法

线性预测合成有两种形式：

（1）直接用预测器系数构造的递归合成滤波器。激励参数 $Gu(n)$ 和预测系数 a_i 周期性地改变，以合成语音 $s(n)$：

$$s(n) = \sum_{i=1}^{p} a_i s(n-i) + Gu(n) \tag{11-4}$$

（2）由反射系数 k_i 和后向预测误差 $b_i(n)$ 组成的格型（Lattice）合成滤波器，即

$$s(n) = Gu(n) + \sum_{i=1}^{p} k_i b_{i-1}(n-1) \tag{11-5}$$

线性预测编码合成和共振峰合成各自的特点如下：

（1）线性预测编码合成的分析步骤相对简单，可以进行全自动合成，当使用格型滤波器时，量化特性和稳定性更好，硬件实现容易；而共振峰合成需要更多的参数调整，合成器的结构相对更复杂。

（2）共振峰合成原理与实际发声原理密切相关，其模型控制参数对合成语音的频谱特性有相对直观的影响；在 LPC 合成中，控制 LPC 系数的变化轨迹非常有限。

（3）共振峰合成更灵活，允许简单的转换来模仿不同的人的发音，通过移动共振峰频率，很容易改变与说话人特征相关的语音部分；线性预测编码合成比较困难，只有当反射系数转换为极点位置时，才可能进行类似的校正。

（4）在线性预测方法中，谱包络谷点的建模比峰值点的建模差得多，因此共振峰带宽的估计通常是不合适的；在共振峰合成方法中，共振峰的带宽是可以从离散傅里叶变换谱估计出来。

（5）标准线性预测编码的全极点模型对具有零点谱特征的声音尤其是鼻音的拟合较差；共振峰合成方法可以使用反谐振器直接模拟鼻音中最重要的频谱零点，提高合成音质。

（6）一般来说，线性预测编码合成或共振峰合成的选择是基于两个因素的折中；LPC 合成具有简单、系数自动分析的优点；而更复杂的共振峰合成有望产生更高质量的合成语音。

直到 20 世纪 90 年代初或 90 年代中期，共振峰合成一直是从文本到语音（TTS）的主要技术，当时应用中通过增加内存大小和提高 CPU 速度使级联合成成为可行的方法。

11.2.3　级联合成

级联合成的思想是基于录制的语音片段的级联（或串在一起），使用小语音单元（例如双音/双音/单元），并将这些单元黏合在一起形成单词和句子。一般来说，级联合成的语音比共振峰合成听起来更自然。语音内容在数字化后被记录和存储，在合成时，计算机通过从录音中截取片段并按照一定的方案将它们串联起来生成目标语音。级联合成主要有两种方法：双音素（Diphone）合成和单元选择（Unit Selection）合成。

1. 双音素合成

双音素合成是最常见的方式，它使用一个最小的语音数据库，其中包含一种语言中发生的所有双音素（音素到音素转换）。语音单元的区域从一个音素的中间延伸到下一个音素的中间。一般来说，每个音素的中间都是稳定状态。这种方法记录一个说话人说的每一个双音素，在运行时，根据句子的目标韵律通过数字信号处理技术（例如基于波形拼接方式）将这些最小单位进行叠加。

2. 单元选择合成

现代级联语音合成器大多使用可变单元选择。单元选择合成使用录制语音建立语音单元的大型数据库。在数据库创建过程中，每个录制的语音都被分割成以下部分或全部：单个音素、双音素、半音素、音节、语素、单词、短语和句子。在运行时，通过从数据库中确定最佳候选单元（即单元选择）来创建所需的目标语句。这种方法可以记录 10 小时或更长时间，因此每个单元都有多个副本。单元选择合成使用搜索算法来寻找最佳的单元序列，例如一个特殊加权的决策树。单元选择合成能够使合成语音具有最大自然度；然而，最大自然度通常要求单元选择语音数据库非常大。

11.2.4　基于隐马尔可夫模型的语音合成

基于隐马尔可夫模型的语音合成是一种统计参数合成方法。在基于隐马尔可夫模型的语音合成系统（HTS）中，语音的频谱（声道）、基频（声源）和持续时间（韵律）由隐马尔可夫模型同时建模。语音波形是根据最大似然准则从隐马尔可夫模型本身生成的。该方法首先使用隐马尔可夫模型训练为给定的音素序列生成最可能的频谱参数（MFCC）和激励参数（F0），并使用频谱参数创建滤波器。合成过程通过滤波器传递激励参数（F0 和噪声）以生成波形。基于隐马尔可夫模型的语音合成的优点是：该技术只需要存储模型参数，而不需要存储语音数据本身。另外，基于隐马尔可夫模型的合成比单元选择合成需要更少的计算量。基于隐马尔可夫模型的合成具有合成高质量语音的潜力，主要是因为它可以生成连续的谱轮廓，而不是选择语音单元进行片段合成，因此，在实时应用中，这种方法成本更低。

图 11 - 4 显示了 2005 年泽恩和托达（Zen&Toda）提出的基于隐马尔可夫模型的语音合成流程，其中包括训练部分和合成部分。语音合成需要提取 F0（激励参数）和 MFCC（频谱参数），并提取相关文本（即标签）的注释信息来训练隐马尔可夫模型。对于新句子，合成部分需要首先通过文本分析提取注释信息，然后将其输入隐马尔可夫模型以生成声学参数（F0、MFCC）等，最后使用其他算法将这些参数还原为合成语音，这是进行激励生成并通过逐帧的频谱特征对其进行滤波来实现的。

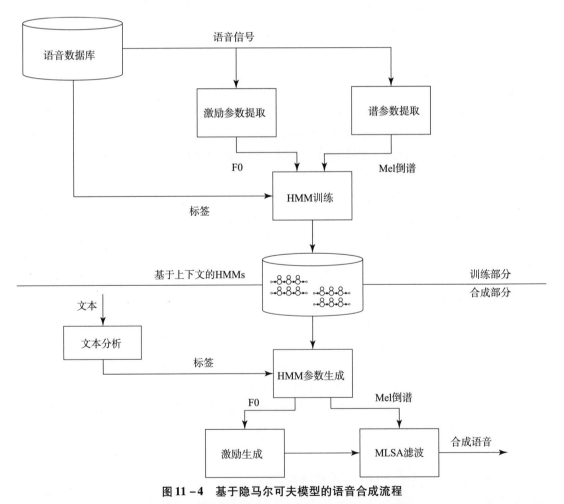

图 11 - 4　基于隐马尔可夫模型的语音合成流程

还有另一种基于隐马尔可夫模型的混合合成方法，它结合了级联合成和基于隐马尔可夫模型合成，给定一个大数据库。该方法的目标是找到最大化隐马尔可夫模型概率的单元串，然后使用音素串联来提高自然语音的语音合成质量。这种方法可以预计算段内分数，也可以预计算串联分数，在串联匹配方面会做得很好。另外，韵律是由隐马尔可夫模型建立的。混合语音合成系统结合了两个优点：①混合语音合成使用真实的语音片段进行拼接和合成，合成的语音具有较高的音质；②混合语音合成结合统计参数法训练的隐马尔可夫模型来指导音素的选择，合成语音的整体韵律相对稳定。

11.2.5 基于深度学习的语音合成

基于深度学习的语音合成已经成为当前研究和应用中常用的方法，通过深度神经网络技术构建文语转换系统，很大程度上改善了语音合成效果。百度公司提出的 Deep Voice 模型最初仿照参数合成步骤将传统语音合成中的各个模块使用神经网络来替代，经过迭代更新，最终实现了基于全卷积网络的端到端神经语音合成，其主要构架是用全卷积神经网络编码器负责将文本信息转化为内部隐状态。解码器用于将编码器的隐状态映射为低维声学特征，最后通过转换器的后处理网络来整合解码器输出，生成最终声学特征。谷歌公司提出的 Tacotron 是第一个真正意义上的端到端语音合成系统，采用基于 Attention 注意力机制的 Encoder – Decoder 构架，后来改进的简化模型将 Griffin – Lim 声码器替换为 Wave Net，提高了语音合成的自然度。微软公司提出的 Fast Speech 是一种快速、鲁棒的语音合成模型，主要借鉴了神经网络模型中 Transformer 的思想，其目的是解决基于神经网络端到端的语音合成主流模型存在的合成速度较慢以及鲁棒性差的问题。

在深度学习语音合成技术的发展中，Encoder、Attention 和 Decoder 构成了经典的 Seq2Seq（Sequence – to – Sequence）序列到序列结构，例如 Tacotron2 模型首先由一个循环 Seq2Seq 网络预测梅尔语谱图，对声学特征和语音波形间的关系进行建模，然后再由一个后处理网络基于改进的 Wavnet 模型的声码器来合成对应的时域波形。经典的 Wave Net 模型是一种采样点自回归模型，通过若干历史采样点来预测未来采样点；为了扩大卷积网络的感受野，使用一种扩展因果卷积结构来捕获语音信号中的长时依赖关系，这也使得计算量很大造成语音合成速度较慢。深度学习语音合成技术蓬勃发展，还出现了基于生成对抗网络（Generative Adversarial Network，GAN）、基于 LPCnet 网络模型的语音合成方法等。基于 LPCnet 模型的语音合成方法在 Wave RNN 基础上进行改进，将神经网络与线性预测技术相结合，利用神经网络预测声源激励，并使用基于线性预测编码滤波器的方法来合成语音信号，在确保合成语音质量的同时提高了语音合成效率。

11.3 基音同步叠接相加算法简介

20 个世纪 80 年代末，由夏彭蒂埃（Charpentier）和莫林（Moulines）等提出的基音同步叠接相加（PSOLA）算法，既能保持原始发音的主要音质特征，又能在拼接时灵活地调整原始语音样本的基频、时长、能量，通过对语音基频、时长和能量的调整分别实现对音高、音长和音强的控制。基音同步叠接相加算法由于在做波形拼接时能够灵活地对小基元（如音素、音节等）进行基频、时长和短时能量等韵律特征的调整，故使基音同步叠接相加算法具有很强的韵律修正能力。对汉语而言，由于其具有音节的音段特征比较稳定、而韵律特征变化比较复杂的特点，很适合采用基音同步叠接相加算法来进行韵律修正。

基音同步叠接相加算法来源于利用短时傅里叶变换重构信号的叠接相加法。信号 $x(n)$ 的短时傅里叶变换为

$$X_n(e^{jw}) = \sum_{m=-\infty}^{\infty} x(m)w(n-m)e^{-jwm}, \quad n \in Z \quad (11-6)$$

式中，$w(n)$ 为长度为 N 的窗序列，例如汉明窗或汉宁窗等；Z 为全体整数集合；$X_n(e^{jw})$ 为变量 n 和 w 的二维时频函数，对于 n 的每一个取值（整数）都对应有一个连续的频谱函数，显然存在较大的信息冗余，所以可以在时域每隔若干个（例如 R 个）样本取一个频谱函数就可以重构原信号 $x(n)$。为此，令

$$Y_r(e^{jw}) = X_n(e^{jw})|_{n=rR}, \quad r,n \in Z \quad (11-7)$$

其傅里叶逆变换为

$$y_r(m) = \frac{1}{2\pi}\int_{-\infty}^{\infty} Y_r(e^{jw})e^{jwm}dw, \quad m \in Z \quad (11-8)$$

然后将 $y_r(m)$ 叠接相加便可以得到

$$y(m) = \sum_{r=-\infty}^{\infty} y_r(m) = \sum_{r=-\infty}^{\infty} x(m)w(m-rR)$$
$$= x(m)\sum_{r=-\infty}^{\infty} w(rR-m), m \in Z \quad (11-9)$$

因为 $w(n)$ 是对称的窗函数，所以有 $w(rR-n)=w(n-rR)$。可以证明，对于汉明窗，当 $R \leqslant N/4$ 时，无论 m 为何值都有

$$\sum_{r=-\infty}^{\infty} w(rR-m) \approx \frac{W(e^{j0})}{R} \quad (11-10)$$

于是，

$$y(n) \approx x(n) \cdot \frac{W(e^{j0})}{R} \quad (11-11)$$

式中，$W(e^{jw})$ 为 $w(n)$ 的傅里叶变换。上式说明，用基音同步叠接相加算法重构的信号 $y(n)$ 与原信号 $x(n)$ 只相差一个常数因子。实际上，如果用汉宁窗，N 为偶数，$R=N/2$ 时，可以导出一个精确的恒等式，因为汉宁窗是一个完整余弦波平移后获得的，所以有

$$\sum_{r=-\infty}^{\infty} w(rN/2-m) \equiv 1 \quad \forall m \quad (11-12)$$

这意味着，如果 $x(n)$ 是一个周期为 N_p 的浊音信号，那么可以用 $2N_p$ 长的汉宁窗截取两个周期长的信号，再以 N_p 的滞后间隔叠接相加，在周期性理想的情况下，就可以无失真地恢复原信号，即

$$x(n) = \sum_{r=-\infty}^{\infty} w(rN_p-n)x(n) \quad (11-13)$$

实际上窗长不限于取 $2N_p$，取 N_p 或 $2N_p$ 都是可以的，只要叠接间隔正确。

当然，实际浊音信号并不是理想的周期性信号，不能满足完全重构条件；并且，在这里讨论基音同步叠接相加算法的目的不是为了原封不动地重构原信号。我们的目的是要对原信号进行基频、时长、短时能量等韵律特征的修改，而仍能基本保持信号的动态谱包络不发生大的改变。这涉及在合成信号时是采取波形逼近还是谱包络逼近的原则问题。波形逼近，实际上就是对信号进行重构，它所能提供的韵律调整余地较小；谱包络逼近，虽然失掉了相位

信息，但获得了较大的调整空间，况且人耳对于声波的相位感知并不灵敏。例如通过修改叠接相加的滞后间隔来达到改变信号的基音周期的目的，那么其谱包络必然出现失真，需要推导一种使谱均方误差最小的叠接相加合成公式。为此，定义两信号 $x(n)$ 和 $y(n)$ 之间谱失真测度为

$$D[x(n), y(n)] = \sum_{t_g} \frac{1}{2\pi} \int_{-\pi}^{\pi} |X_{t_m}(e^{jw}) - Y_{t_g}(e^{jw})|^2 dw \qquad (11-14)$$

式中，$X_{t_m}(e^{jw})$ 为 $n = t_m$ 处的加窗短时信号 $w_1(n - t_m)x(n)$ 的短时傅里叶变换；$Y_{t_g}(e^{jw})$ 为 $n = t_g$ 处的加窗短时信号 $w_2(n - t_g)y(n)$ 的短时傅里叶变换；$\{t_m\}$ 和 $\{t_g\}$ 分别为 $x(n)$ 和 $y(n)$ 的基音标注点，是一系列与基音同步的在信号的时间轴上的标注点，可以取每个基音周期中信号绝对值为最大值的位置。$w_1(n - t_m)x(n)$ 是与 t_m 同步的短时信号。为了得到合成信号，将 $w_1(n - t_m)x(n)$ 调整成为与 t_g 同步的短时信号 $w_2(n - t_g)y(n)$ 时，是按一定规则的，即韵律规则。根据移位定理和帕塞瓦尔（Parseval）定理，上式可改写为

$$D[x(n), y(n)] = \sum_{t_g} \sum_{n=-\infty}^{\infty} \{w_1[t_m - (n + t_m)]x(n + t_m) - w_2[t_g - (n + t_g)]y(n + t_g)\}^2$$

$$= \sum_{t_g} \sum_{n=-\infty}^{\infty} [w_1(n + t_g)x(n + t_g + t_m) - w_2(n + t_g)y(n)]^2 \qquad (11-15)$$

要求合成信号 $y(n)$ 满足谱失真 $D[x(n), y(n)]$ 最小，可以令

$$\frac{\partial D[x(n), y(n)]}{\partial y(n)} = 0 \qquad (11-16)$$

解得

$$y(n) = \frac{\sum_{t_g} w_1(n + t_g)w_2(n + t_g)x(n + t_g + t_m)}{\sum_{t_g} w_2^2(n + t_g)} \qquad (11-17)$$

窗函数 $w_1(n)$ 和 $w_2(n)$ 可以是两种不同的窗函数，其长度也可以不相等。式（11-17）就是在谱均方误差最小意义下的时域基音同步叠接相加合成公式。从式（11-17）可以看出，如果原信号是与 $\{t_m\}$ 为基音同步的短时信号的叠加，合成后的信号就变成了式（11-17）所表示的与 $\{t_g\}$ 为基音同步的短时信号的叠加，而这时引入的谱失真量是最小的。

实际合成时 $w_1(n)$ 和 $w_2(n)$ 可以用完全相同的窗，分母可视为常数，而且可以加一个短时幅度因子来调整短时能量，即

$$y(n) = \frac{\sum_{t_g} \alpha_{t_g} w_1(t_g - n)w_2(t_g - n)x(n - t_g + t_m)}{\sum_{t_g} w_2^2(t_g - n)} \qquad (11-18)$$

当窗长取为对应目标基音周期的两倍时，可取 $\alpha_{t_g} = 1$。

基音同步叠接相加算法是具有良好的韵律调整能力的，但也有不足之处，当基音频率修改过大时有可能出现严重的谱包络失真，即共振峰特性产生不可接受的变异。

进行韵律调整首先要对原始语音波形作原始基音标注 $\{t_m\}$，用与这些标注对应的窗（一般取汉宁窗）分别截取原始波形，得到一系列基音同步的有重叠的短时信号。窗长一般取为对应目标基音周期的两倍；之后，根据基频和时长调整的规则需要，作出目标基音标注

$\{t_g\}$。若要降低基频，就意味着 $\{t_g\}$ 的间隔比之 $\{t_m\}$ 要增加，反之则减少；若要增加时长，就意味着 $\{t_g\}$ 是由 $\{t_m\}$ 作相邻基音标注点的复制得到的，反之则是相邻基音标注点的删除。最后将短时信号系列在目标基音标注点对应排列起来，就得到了所期望的合成信号。若要改变短时能量，根据规则需要，就要对每一个短时信号乘以因子 α_{t_g}。

基音同步叠接相加算法是一种韵律修改算法，它以基音周期（而不是传统的定长的帧）为单位进行波形的修改。该算法直接作用于波形的数据，实现语音的拼接、韵律的修改。

基音同步叠接相加算法对合成基元的超音段特征的调整分为 3 步：

（1）对原始波形进行分析，产生参数的中间表示。

（2）对短时信号进行必要的修正，形成一系列短时合成信号。首先，根据原始语音波形的基音曲线和超音段特征修正的要求，建立合成波形与原始波形之间基音周期的映射关系，其次，由此映射关系确定合成所需的短时合成信号系列。

（3）将合成短时信号系列与目标基音周期同步排列并重叠相加得到合成波形。此时，合成语音波形就具有所期望的超音段特征的修改。

语言同步分析和修改如下：

（1）基音同步分析。

数字化的语音波形的中间表示形式是由基音同步分析窗 $h_m(n)$ 对原始数据加权得到的短时信号，即

$$x_m(n) = h_m(t_m - n)x(n) \tag{11-19}$$

式中，t_m 为基音标记点；$h_m(n)$ 一般取汉明窗，窗长大于原始信号的一个基音周期，窗间有重叠。窗长一般取为原始信号的基音周期的 2~4 倍，则有

$$h_m(n) = h(n/lP) \tag{11-20}$$

式中，$h(n)$ 为归一化窗长；P 为基音周期；l 为表明窗覆盖基音周期数的比例因子。P 既可选分析基音周期 P_m，也可选合成基音周期 P_q。一般情况下，选 $l=2$ 可使合成方法简化。当提高基频时，选 $P=P_m$；当降低基频时，选 $P=P_q$ 也可简化合成方法。

（2）基音同步修改。

短时分析信号 $x_m(n)$ 将修改为合成信号 $x_q(n)$，同时原始信号的基音标注 t_m 也相应地改为合成基音标注 t_q，这个转换有 3 个基本操作：

①对短时信号的数量进行修改。

②对短时信号之间的延时进行修改。

③对每个独立的短时信号波形进行修改。

基音标注 t_q 的数目依赖于音高量（基频）和时间量上的修改因子 p 和 t。任意两个正确基音标注之间的间隔就是合成信号的基频。在 TD-PSOLA 中，从 $x_m(n)$ 到 $x_q(n)$ 的映射只要选择一段 $x_m(n)$ 信号，按延时 $d_q = t_q - t_m$ 转换成 $x_q(n)$，即

$$x_q(n) = x_m(n - d_q) = x_m(n + t_m - t_q) \tag{11-21}$$

时间量的修改可以与音高量同时进行，也可以独立变换。最简单的情况是：时间量修改因子 t 为常数，此时，从 t_q 到 t_m 基音标注的映射简化为寻找最接近 $t \times t_q$ 的 t_m。当需要减慢语速时，基音标注的映射为几个短时分析信号的重复；相反情况时，为使语速加快，需要删去短时信号中的某些波形段。修改持续时间的目的是找到分析信号的基音同步标记点与最终合成信号的对应关系，通常，它们呈线性关系。如图 11-5 所示，图 11-5（a）增加持续时

间（即放慢语速）是对几个短期分析信号的重复，而图 11 – 5（b）减少持续时间（即增加语速）则是删除短期信号中的一些波形段。

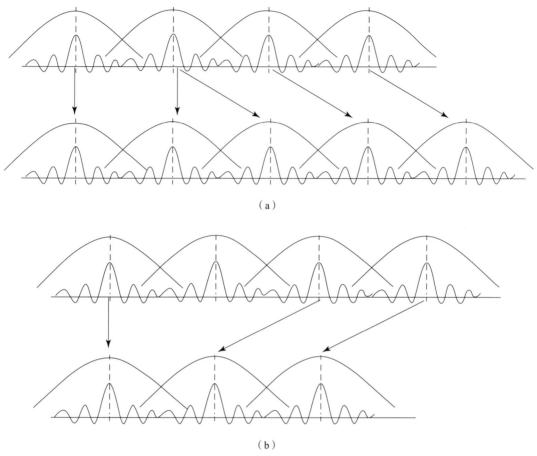

（a）

（b）

图 11 – 5　基音同步叠接相加算法中时间量的修改

（a）增加持续时间；（b）减少持续时间

音高量的修改总是与时间量的修改互相交叉的，相对来说比较复杂。最简单的情况是时间量与音高量的修改因子相同 $t = p$，则合成基音标注和分析标注成一一对应的关系 $t_q \to t_m$。但是一般情况下，时间量和音高量修改因子是不相同的，这就需要对短时分析信号进行复制或删除，这可看作两个操作过程的结合：①用相同的因子修改时间量和音高量；②用因子 t/p 对时间量进行补偿。这两步映射可以被结合为一个映射，时间量与音高量的修改在一步之内同时完成。需要注意的是，浊音段具有有效的基音标注，而清音段没有基频，在进行音高量修正时清音基频可以设置为一个常数。基音同步叠接相加算法以基音周期为单位插入、删除和修改波形段。图 11 – 6 中显示了通过增大或减小基音周期间距来修改基音频率，图 11 – 6（a）为增加基频，图 11 – 6（b）为降低基音频率。

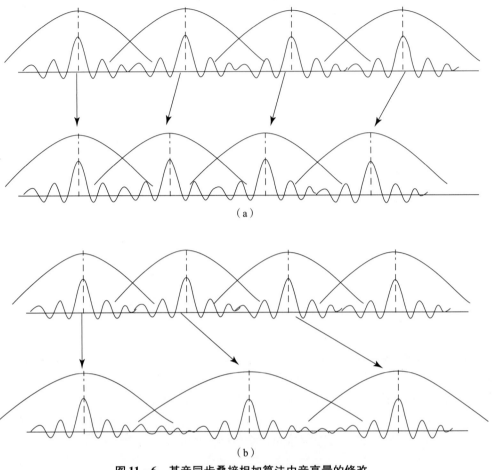

（a）

（b）

图 11 - 6　基音同步叠接相加算法中音高量的修改

（a）增加基音频率；（b）降低基音频率

11.4　文语转换系统

在文本到语音转换系统中，必须事先分析文本，以确定每个单词的音调应如何根据上下文进行更改，然后使用这些音调更改参数来控制语音合成。如图 11 - 7 所示，文本分析、韵律控制和语音合成 3 个模块是文本到语音系统的 3 个核心部分。

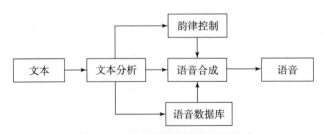

图 11 - 7　文本到语音转换系统构成

文本分析的过程包括 3 个步骤。

第一步是规范输入文本，处理用户可能出现的拼写错误，过滤掉不规则或无法发音的字符，此过程通常称为文本规范化（text normalization）。

第二步是分析文本中单词或短语的边界，确定文本的发音，分析文本中数字、姓氏、特殊字符和各种复音字符的发音，确定声调的变化和发音中不同声调的方式。将音素转写到单词的过程称为文本到音素。

第三步是输入文本被转换为内部参数（音素转录和韵律信息），计算机可以处理这些参数，以便后续模块可以进一步处理和生成相应的信息。任何人说话都有韵律特征，包括不同的音调、停顿和不同的发音长度。韵律参数包括可以影响这些特征的声学参数，例如音高、持续时间和振幅。最后，系统可用于语音合成的特定韵律参数依赖于韵律控制模块。

在语言学中，语调是口语音高的变化，它表明说话人的态度和情绪，突出语法结构的各个方面，几乎总是伴随着其他韵律特征的变化。1996 年，拉德（Ladd）出版了一本名为《语调音韵学（*Intonational phonology*)》的书，该书描述了语调是超音段的（suprasegmental），传达句子层面的语用意义。超音段是指一个以上音段的语音特性。超音段音素特征包括音高（或基频）、强度和持续时间。句子层面的意义适用于短语或话语的整体，而不是词汇重音，也不是词汇语气。超音段或韵律特征通常用于言语语境中，以使其更有意义和有效。韵律是研究语音的超音段特征，它关注的是那些不是单个语音片段（元音和辅音）的语音元素，而是音节和较大的语音单位的属性。韵律主要有 3 个方面：突出、结构和音调。有些音节/单词比其他音节/单词更突出。句子有韵律结构或边界。例如，一些单词自然组合在一起，而其他单词之间有明显的断开或脱节。音调是指话语的语调旋律。

韵律突出性通常与音高重音相关。突出的音节更响亮、更长，基频更高和/或基频变化更剧烈。注意，当音高突出是主要因素时，产生的突出现象通常称为口音，而不是重音。突出性可以根据单个单词（也称为单词重音）或较大的单位（句子重读）进行研究。从感知的角度来看，重音功能被认为是突出音节的手段。

韵律边界表示句子的结构。停顿或缺乏停顿是从听感上造成单词被组合在一起并与相邻单词分开一个重要因素。另外，在多单词组中，将相邻单词的发音混合在一起，或者说比组外单词发音快，有助于将单词视为某个组的一部分。

韵律修改技术可以通过改进韵律特征来帮助生成更自然的目标语音。大多数韵律修改研究都是基于基音和时长分析。通常，基音和持续时间是独立修改的。改变采样率会改变音高和持续时间。将语音处理为短时信号，可以通过复制或删除部分信号来修改持续时间，可以通过对短时语音段进行重新采样来修改基频。基于基音和持续时间的韵律修改可以提高语音质量。持续时间修改旨在增加或减少语音信号的持续时间或说话速度。通过复制短时信号，可以增加整个语音信号的长度；通过去除短时信号，可以减少整个信号长度。基音修改旨在提高或降低浊音部分的基音轮廓。通过将短时信号移近，可以得到音调高的信号；通过将短期信号移得更远，可以得到音调低信号。因此，韵律修改需要准确标记浊音信号的基音，以便适当调整基音周期。

语音合成系统的语音合成模块通常使用波形拼接来合成语音，其中最具代表性的是基音同步叠接相加算法，近些年来深度学习方法在语音合成上成功应用，极大简化了传统语音合成方法的复杂流程。综上所述，合成系统首先将包含数字和缩写等符号的原始文本转换为相当于要写出的单词，这对应非单词到单词的阶段；然后，它为每个单词指定音素转录，并将文本划分为韵律单位，如短语、从句和句子，这与单词到音素阶段相对应。每个音素都有一个标准的持续时间，然后通过在标点处插入停顿来修改，例如长短语后的停顿，连接两个句子的连接词前的停顿。韵律信息包含语音的超音段特征，如语调、节奏和重音。音素转录和韵律信息一起构成符号语言表示，然后通过合成模块转换为声音。

第 12 章

深度学习语音处理技术

12.1　深度学习发展背景

　　本节简要介绍语音信号处理的最新发展，特别是深度学习技术在语音处理中的应用。深度学习技术是当前机器学习领域最热门的话题。首先，我们将初步了解人工智能（Artificial Intelligence，AI）、机器学习（Machine Learning，ML）和深度学习（Deep Learning，DL）之间的关系。如图 12 - 1 所示，人工智能是广义上机器所具备的智能。人工智能研究的核心问题（或目标）包括推理、知识、规划、学习、自然语言处理、感知以及移动和操纵物体的能力。一般意义上的机器智能化是该领域的长期目标之一。人工智能研究分为几个子领域，

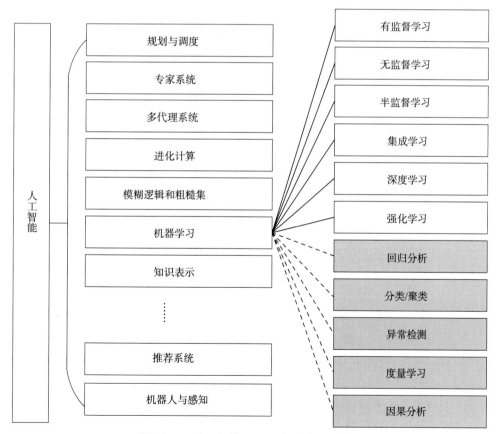

图 12 - 1　人工智能（AI）领域的研究范畴

重点关注特定问题、方法、特定工具的使用，或满足特定应用，特别是机器学习领域。机器学习是实现人工智能的一种方法，而深度学习是实现机器学习的一种技术。机器学习是从人工智能中模式识别和计算学习理论的研究发展而来的，它探索研究和构建能够从数据中学习并对数据进行预测的算法。多层次人工神经网络的深度学习改变了人工智能的许多重要子领域，包括计算机视觉、语音识别、自然语言处理等。

在六十多年的人工智能发展阶段中，有几个时期被称为人工智能寒冬。自深度学习算法出现以来，人工智能领域近些年来又进入了一个爆发期。人工智能研究领域于 1956 年在达特茅斯学院（Dartmouth College）的一个研讨会上诞生。人工智能的初始阶段从 20 世纪 50 年到 80 年代。1958 年，罗森布拉特（Rosenblatt）创建了感知器（perceptron），这实际上是一种模式识别算法。当时，人们开始研究神经网络，并根据人脑原理对其建模。从 1970 年开始，由于计算能力不足，人工智能进入了第一个寒冬。人工智能的第二阶段是 20 世纪 80 年代到 90 年代，其间专家系统（expert system）得到推广。1980 年，美国数字设备公司（Digital Equipment Corporation，DEC）与卡内基梅隆大学（Carnegie Mellon University，CMU）合作开发的 XCON 专家系统，帮助 DEC 公司每年节省数百万美元。20 世纪 90 年代初期，美国国防部高级研究计划局研制的人工智能计算机没有成功，这是人工智能的第二个低潮。直到 1997 年，IBM 深蓝色计算机象棋游戏系统击败了世界象棋冠军引起轰动，而世界象棋锦标赛冠军仅仅是一个专家系统。从 2006 年至今，深度学习技术发展迅速，并在许多领域取得了巨大进步。2006 年，杰弗里·辛顿（Geoffrey Hinton）提出了深度置信网络（Deep Belief Network，DBN），他被视为"深度学习之父"。2011 年，苹果公司发明了 Siri 系统，这是一种广泛用于苹果手机的智能语音助手。2012 年，谷歌无人驾驶汽车开始在道路上进行测试，该车使用人工智能技术和谷歌地图视图。2013 年，深度学习算法在语音和视觉识别方面取得了很大进步，大大提高了识别率。2016 年，谷歌旗下的 Deep Mind 公司开发了一款 Alpha Go 围棋人工智能程序，这是第一个击败围棋世界冠军的计算机程序，成为近年来人工智能领域少有的里程碑事件。自此之后，深度学习开始在各个应用领域展示出来强大的学习能力和推理能力，也开始广泛走进学术界和工业界。

机器学习是计算机科学的一个分支，它赋予计算机学习的能力，而无须显式编程。根据学习系统可用的学习"信号"或"反馈"的性质，机器学习任务通常分为 3 大类。

（1）有监督的学习（Supervised learning）：向计算机展示由"教师"给出的示例输入及其期望输出，目标是学习将输入映射到输出的一般规则。

（2）无监督学习（Unsupervised learning）：没有给出学习算法贴标签，让它自己在输入中找到结构。无监督学习本身可以是一个目标（发现数据中的隐藏模式），也可以是一种达到目的的手段（特征学习）。位于有监督学习和无监督学习之间是半监督学习（semi - supervised learning），此时教师给出的训练信号并不完整。

（3）强化学习（Reinforcement learning）：计算机程序与动态环境交互，在动态环境中必须执行某个目标（例如驾驶车辆或与对手玩游戏）。当程序在问题空间中进行答案搜寻时，会提供奖励或者惩罚的反馈。

机器学习通过构建模型将输入样本转换为输出标签或真值向量，用于一系列计算任务。输出为标签或者分组的时候通常对应分类（classification）问题或者聚类（clustering）问题。在分类问题中，输入分为两个或更多类，学习者必须生成一个模型，将不可见的输入分配给这些类的一个或多个标签，这通常是在有监督学习下解决的。在聚类问题中，一组输入被分成组，与分类不同，事先不知道这些组，因此这通常是一项无监督的任务。机器学习输出为一些真值向量时通常对应回归（regression）问题或者估计（estimation）问题。

机器学习的表现与数据量有很大关系。使用小数据进行机器学习可能会导致过拟合（overfitting）问题，这意味着使用的模型容量超过了学习所需的容量。过拟合的明显迹象是模型精度在训练集中较高，但随着新数据或测试集中的出现，精度显著下降。这意味着该模型非常了解训练数据，但不能覆盖广泛的数据特点。防止过拟合的最简单方法是降低模型的复杂性。使用大数据进行机器学习可能会导致拟合不足（underfitting）的问题，这意味着模型无法在训练集上获得足够低的误差。虽然仍然有能力通过增加模型复杂性和优化来提高学习结果，但这需要更多的计算资源。如何利用大量数据的条件来增加模型容量从而达到更好的效果呢？我们可以尝试在机器学习模型中引入层次特征变换（hierarchical feature transforms），它可以学习具有深层结构的特征。如图 12 - 2 所示，当增加训练数据的大小时，其他传统的学习方法将具有较低的预测精度，而深度学习将取得良好的效果。

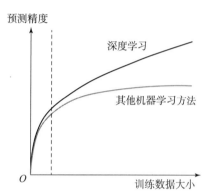

图 12 - 2　深度学习和其他学习方法对比曲线

深度学习引入了多层次的表示或特征的层次结构，更高层次、更抽象的特征是根据较低层次的特征定义（或生成）的，实际上它由人工神经网络中的多个隐藏层组成。深度学习在计算机视觉和语音识别中得到了成功应用，它的优点是使用无监督或半监督的特征学习和分层特征提取形成高效算法来代替手动特征获取。

深度学习的发展可以追溯到 1986 年，杰弗里·希尔顿（Geoffrey Hinton）和他的同事发表了文章《反向传播错误的学习表征》，然后采用反向传播（Back Propagation，BP）算法降低人工神经网络（Artificial Neural Network，ANN）的计算复杂度。此时，ANN 与 BP 算法旨在解决一般的学习问题，并与生物系统相结合。但由于训练困难、计算资源不足、训练集小以及在一些困难的任务中不能很好地工作等问题，这种方法被放弃使用。从 1986 年到 2006 年，支持向量机（Support Vector Machines，SVM）和其他更简单的分类方法，如 boosting、决策树和 K 最近邻分类算法（K - Nearest Neighbors，K - NN），在机器学习的普及程度上逐渐超过了神经网络。此时，模型结构倾向于使用平面处理方案，与生物系统的本质失去联系。对于具有手工提取特征的特定任务，也产生了有许多特定方法。

2006 年，辛顿（Hinton）在《科学》杂志上发表论文，首次提出"深度信仰网络（Deep Belief Network，DBN）"的概念。早期训练深层神经网络的挑战通过无监督和分层预训练等方法得到了成功解决，并且为建模和训练提供了更好的设计。而通过使用更好性能的图形处理器（Graphics Processing Unit，GPU）和分布式计算也增加了可用的计算能力。神经网络被大规模部署（即大数据时代来临），特别是在图像和视觉识别问题上，这被称为"深度学习"，尽管深度学习严格来说并不是深度神经网络的同义词。

2011 年，深度学习极大地提高了视觉、语音和许多其他领域的技术水平。微软使用了深度学习技术，从而在语音识别领域取得了非常大的突破。2012 年，利用深度卷积神经网络、基于大规模图像数据库和 GPU 实现的深度学习算法使得 Image Net 数据集（用于视觉对象识别软件研究的大型可视化数据库）上的目标识别效果有了很大改进。2013 年，谷歌和百度发布了基于深度学习的视觉搜索引擎。2014 年，Deep learning 在非受限情况下的人脸识别数据集（Labeled Faces In the Wild，LFW）上的识别准确率达到 99.53%，并且高于人类的表现。2016 年，著名的 Alpha Go 程序是第一个击败专业人类围棋玩家的程序。

深度学习是机器学习的子领域，它是一种通过多层表示来对数据之间的复杂关系进行建模的算法。高层概念取决于低层概念，而且同一低层的概念有助于确定多个高层概念。深度学习包含多层或多阶非线性信息处理的模型，通过有监督方法或无监督方法来学习特征表示。深度学习的本质是利用海量数据建立多个隐层的神经网络模型来学习数据的本质特征，从而提高模型分类或者预测的准确性。因此，深度学习的目的是为了学习特征，而具有多个隐层的神经网络模型是手段。与传统的浅层学习相比，深度学习具有更深的模型结构，可以利用比较少的参数进行复杂的运算；而且深度学习的目标是使其能够自动地从原始数据中提取有效的特征，更加利于分类或者预测。深度学习得到的特征要比人工构造特征更加能够体现数据的本质属性。

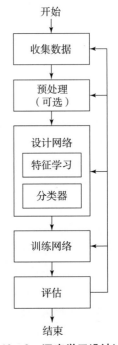

图 12-3　深度学习设计过程

如图 12-3 所示，学习过程在深度学习的设计层面中发挥着更大的作用。特征学习成为端到端学习系统的一部分，并发挥关键作用。预处理成为可选，这意味着可以将几个模式识别步骤合并到一个端到端学习系统中。设计网络和训练网络成为深度学习技术中非常重要的工作。有时，我们低估了数据收集和评估的重要性。实际应用中应该知道，并非所有的数据集和预测任务都适合用深度学习特征。

12.2　典型的神经网络概述

人工神经网络（Artificial Neural Network，ANN）学习算法通常称为神经网络（Neural Network，NN），灵感来自生物神经网络的结构和功能。人工神经网络是基于一组被称为人工神经元的连接单元（类似于生物大脑中的轴突）。神经元之间的每一个连接（突触）都可以将信号传递给另一个神经元。通常，神经元是分层组织的，不同的层可以对其输入执行不同类型的转换。信号从第一层（输入）传输到最后一层（输出），可能是在多次遍历这些层之后。截至 2017 年，神经网络通常有数千个单元到数百万个单元和数百万个单元连接。神经网络方法的最初目标是以与人脑相同的方式解决问题。

人工神经网络的历史经历了几次兴衰。1943 年，麦卡洛奇（McCulloch）和皮兹（Pitts）建立了一个基于数学和算法的神经网络计算模型，称为阈值逻辑，这标志着神经网络的诞生。1958 年，罗森布拉特（Rosenblatt）创建了仅仅是简单的单层网络的感知器算法，并首次兴起神经网络的研究。1986 年，辛顿和他的同事发明了反向传播算法，并实现了多层感知。这是神经网络研究的第二次崛起。2006 年，辛顿发明了 DBN，发现深度网络具有强大的特征提取能力，可以通过逐层训练来实现深度训练。2012 年，卷积神经网络（CNN）成功应用于 Image Net 数据集竞赛，推动了神经网络研究的第三次崛起。到目前为止，各种深度神经网络已经被广泛应用于许多研究领域。

　　简单的单神经元感知器只是基于 McCulloch – Pitts 神经元的一层神经网络，它由一个权重、一个偏差和一个求和函数组成。在标准感知器中，网络被传递给激活/传输函数，该函数的输出用于调整权重。感知器是第一个具有学习能力的人工神经网络，成为深度神经网络的构建模块。感知器模型结构如图 12 – 4 所示。

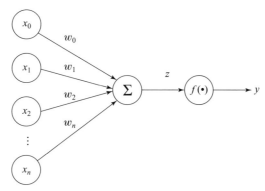

图 12 – 4　感知器模型结构

　　感知器可以有多个输入，每路输入乘以权重后进行求和，并通过激活函数 $f(\cdot)$ 作为输出，因此其计算过程的表达式为

$$y = f(z) = f\left(\sum_{i=0}^{n} w_i x_i \right) \tag{12-1}$$

式中，x 为感知器输入向量；w 为每个向量对应的权重；$f(\cdot)$ 表示激活函数。由于激活函数一般是一个非线性函数，因此又称为非线性单元（Non – linear Units）。一般感知器中的 x_0 默认为常数 1，则式（12 – 1）变为

$$y = f\left(\sum_{i=1}^{n} w_i x_i + w_0 \right) = f\left(\sum_{i=0}^{n} w_i x_i + b \right) \tag{12-2}$$

　　这时将 b 称为输入偏置（Bias），这样神经元在拟合输入的过程中增加了平移的能力，有利于整个模型的收敛。非线性单元负责将数据从神经元的输入端映射到输出端，且非线性的设置增加了神经元的复杂度，这是神经网络可以处理大规模复杂数据的关键。常见的非线性单元包括 sigmoid 函数、双曲正切函数（tanh function）、整流线性单元（Rectified Linear Units）、softmax 函数等，其表达式分别为

$$\mathrm{sigmoid}(x) = \frac{1}{1 + e^{-x}} \tag{12-3}$$

$$\tanh(x) = \frac{e^x - e^{-x}}{e^x + e^{-x}} \tag{12-4}$$

$$\mathrm{ReLU}(x) = max(0, x) \tag{12-5}$$

$$\mathrm{softmax}(x_i) = \frac{e^{x_i}}{\sum_{i=1}^{n} e^{x_i}} \tag{12-6}$$

其中，sigmoid 函数、双曲正切函数和 ReLU 激活函数常用于回归问题，用于计算输入特征到目标之间的复杂非线性映射关系；softmax 函数常用于分类问题，其中 x_i 表示输入数据的不同类别。

感知器是最简单的前向人工神经网络，通常用于处理线性分类问题，但不能处理线性不可分问题。像逻辑运算中的异或（Exclusive OR，EOR）这样的问题不能用感知器解决，但可以用两层感知器来解决。两层神经网络在非线性分类中具有良好的性能。可以将 NN 视为一个连接的有向图，它用两种类型定义了体系结构：带无循环图的前馈（Feedforward）网络和带循环的递归（Recurrent）网络。图 12-5 显示了两层前馈网络的一般结构。由于输入层由源节点组成，当谈论前馈网络中的层数时，通常不计算输入层。神经网络有 3 个组成部分：①架构（Architecture），即不同神经元层之间的连接模式；②激活函数（Activation function），将神经元的加权输入转换为其输出激活；③学习规则（或学习算法）（Learning rule/algorithm），以获得连接的最佳权重。

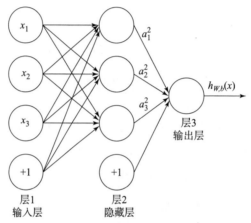

图 12-5　两层前馈网络的一般结构

多层感知器（Multi-Layer Perceptron，MLP）是一个多层神经网络，它也包括了基本两层网络。考虑一个具有 L 层的网络，每个神经元的输入可以表示为最后一层输出的总和。每个神经元的输出是神经元通过激活函数加权输入的结果。多层神经网络比单层神经网络更强大，如果给定足够的层和神经元，多层神经网络可以学习近似任何函数。但如果有多个层，则存在计算问题。后来，人们发明了反向传播（BP）算法来解决神经网络的计算问题。反向传播算法是训练神经网络的常用方法，也是大多数人工神经网络的关键部分。神经网络的学习过程是通过梯度下降法和代价最小化来推导反向传播算法。由于神经网络结构复杂，梯度计算量大，因此，采用反向传播算法逐层优化网络参数。反向传播算法不会一次计算所有参数的梯度，而是从后向前，首先计算输出层梯度，然后计算中间层，最后计算输入层。反向传播算法由前向传播过程和后向传播过程组成。在正向操作中，输入信息通过输入层和隐藏层并传输到输出层，然后将初始系统输出与期望输出进行比较。如果无法在输出层中获得目标值，则过程切换到反向误差传播，并逐层获取目标函数对模型参数（即权重）的梯度。调整系统，直到输出和输入之间的差异最小化。

浅层网络包括一层（隐藏）特征检测器，然后是一个输出层，例如具有一个隐藏层的

MLP、径向基函数（Radial Basis Function，RBF）和支持向量机（Support Vector Machine，SVM）。深度神经网络（Deep Neural Network，DNN）是感知器按照一定规则使输入、输出相互连接、扩展出来的，具有一定的层次性，DNN 中的感知器又被称为网络的节点。一个全连接（Fully Connected）深度神经网络的结构如图 12 - 6 所示。网络由输入层、隐藏层和输出层 3 部分组成。输入层和输出层各一层，分别负责输入数据特征以及输出预测目标，其节点数需要和输入、输出特征的维度保持一致；中间的隐藏层不直接参与特征的输入和输出，需要通过训练进行特征学习，来拟合输入和输出之间复杂的非线性关系。一般全连接深度神经网络的隐藏层由两层及以上的全连接层组成，且每层的节点数不是固定的。

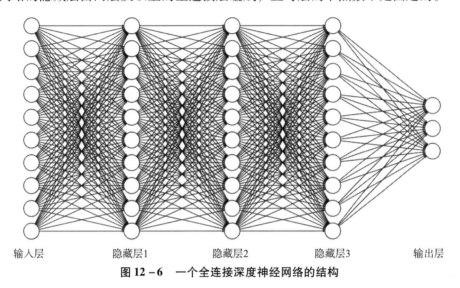

$$输入层 \qquad 隐藏层1 \qquad 隐藏层2 \qquad 隐藏层3 \qquad 输出层$$

图 12 - 6　一个全连接深度神经网络的结构

深度神经网络已成功应用于大量任务，除链接深度神经网络外，经典的深度网络模型包括卷积神经网络（Convolutional Neural Networks，CNN）、深度信念网络（Deep Belief Net，DBN）、自动编码器（Auto Encoder，AE）、递归神经网络（Recurrent Neutral Networks，RNN）、长短时记忆网络（Long Short - Term Memory，LSTM）等，很多网络模型都是在这些典型模型思想基础上不断创新的。下面简单介绍 CNN 和 LSTM 网络基本思想。

1. 卷积神经网络

卷积神经网络（CNN）是在图像处理领域取得广泛应用的神经网络，其通过使用卷积核（Kernel）的结构对特征图进行局部采样，并通过增加模型深度即卷积层层数的方法提取到更加抽象的特征。由于语音的时频特征图可以表示为二维图像，因此很适合利用卷积神经网络网络执行语音处理（例如识别和增强）任务。相比全连接网络，卷积神经网络可以更准确地获取输入语音的局部特性，从而在语音增强这类任务中有利于信号高频成分的恢复，提高语音质量及可懂度。卷积神经网络在语音识别任务中主要是用来对特征进行加工和处理，在做卷积时能够利用频率信息做一些差异性的处理，可以获得比深度神经网络更好的性能提升。

图 12 - 7 为一般的二维卷积层操作示意图，其中 H 和 W 分别表示二维特征图的高度和宽度。一定大小的卷积核按照设计的步长对特征图进行遍历，依次将其覆盖到的特征点数据加权相加得到输出特征图的特征点，由此可推导出输出特征图与输入特征图之间的维度

关系：

$$H_{out} = \left\lfloor \frac{H_{in} + 2 \times \text{padding}_H - \text{dilation}_H(k_H - 1) - 1}{s_H} + 1 \right\rfloor \quad (12-7)$$

$$W_{out} = \left\lfloor \frac{W_{in} + 2 \times \text{padding}_W - \text{dilation}_W(k_W - 1) - 1}{\text{stride}_W} + 1 \right\rfloor \quad (12-8)$$

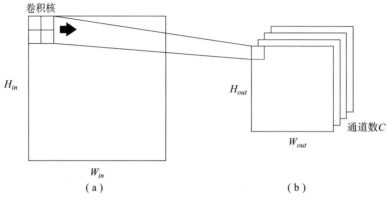

图 12 – 7　一般的二维卷积层操作示意图

（a）输入特征图；（b）输出特征图

上面两式中，padding 为对输入的每个维度补充 0 的层数，一般设置为 0；dilation 为卷积核元素之间的间距，默认为 1；k 为卷积核在 H 和 W 两个维度的长度，表示卷积神经网络的局部感受野。因此，可以通过控制卷积核的大小和步长来对输出特征图进行调节，获得所需维度的输出特征图。不同的卷积核依次对输入特征图进行卷积操作，获得多个通道的输出特征图，在通道维拼接形成输出特征的多维矩阵，即张量图。

在卷积操作之后，一般还需要经过池化层（Pooling）、激活函数层和标准化层（Batch Normalization，BN）。其中池化层为可选操作，目的是对输出特征图进行降采样，压缩特征图的高度和宽度，也有控制模型过拟合的作用，一般有最大值池化（max pooling）、平均值池化（average pooling）等类型；激活函数层是误差反向传递的必须结构；标准化层的作用是在神经网络训练过程中，保持卷积层的输出的数据满足独立同分布假设，从而解决在训练过程中数据分布不断变化对网络训练速度和参数优化造成的影响。其操作过程为：对于卷积层的输入，先执行标准化操作，即

$$\mu = \frac{1}{m} \sum_{i=1}^{m} x_i \quad (12-9)$$

$$\sigma^2 = \frac{1}{m} \sum_{i=1}^{m} (x_i - \mu)^2 \quad (12-10)$$

$$\hat{x}_i = \frac{x_i - \mu}{\sqrt{\sigma^2 + \tau}} \quad (12-11)$$

式中，x_i 为第 i 个样本；m 为每批的样本数。式（12 – 9）表示对每批输入样本求均值；式（12 – 10）表示计算方差，均值和方差分别为 μ 和 σ^2；式（12 – 11）表示标准化操作，τ 表示为了避免方差为 0 的情况设置的一个很小的偏置，经过标准化的数据为 $\hat{x}_i$，其分布被调整为均值为 0、方差为 1 的正态分布。由于网络的表达能力可能受到影响，可以引入两个参数

γ 和 β，使得标准化后的样本为

$$y_i = \gamma \hat{x}_i + \beta \tag{12-12}$$

缩放后，y_i 作为后续激活函数层的输入样本。另外，在训练阶段，每一批训练数据的均值和方差会有所差异，需要保存这些数值；并在测试阶段，使用保存的均值方差的无偏估计值代替归一化层的均值和方差，即式（12-13）和（12-14）所示：

$$E[x] = E[\mu] \tag{12-13}$$

$$Var[x] = \frac{m}{m-1} E[\sigma^2] \tag{12-14}$$

所以在测试阶段，标准化层的计算方式为

$$y = \frac{\gamma}{\sqrt{Var[x] + \tau}} x + \left(\beta - \frac{\gamma E[x]}{\sqrt{Var[x] + \tau}} \right) \tag{12-15}$$

标准化层的引入可以有利于网络误差函数的收敛，加快训练效率。

2. 长短时记忆网络

由于全连接或卷积神经网络进行语音处理都是对输入的二维时频特征图进行处理，并没有考虑到语音帧与帧之间的联系，这对于具有时序特性的语音信号来说，帧与帧之间的相关性就被网络忽略了，因此循环神经网络（Recurrent Neural Network，RNN）被应用于语音处理的任务中。循环神经网络在预测当前时刻的信息时，同时考虑到了其在之前各个时刻所输出的信息，并通过时序反向传播算法来计算误差函数。长短时记忆网络（LSTM）是一种广泛应用的循环神经网络，可以有效解决循环神经网络普遍存在的梯度消失或梯度爆炸的问题。长短时记忆网络的细胞模块可以充分利用长期和短期的时序信息，从而更好地计算语音的时序相关信息，提升语音处理的性能。

长短时记忆网络的模型结构如图 12-8 所示。

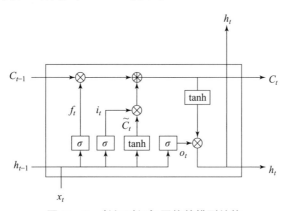

图 12-8　长短时记忆网络的模型结构

长短时记忆网络的主要特点是 3 个门控来对短时状态和长时状态信息的传递进行控制，图中，x_t 为当前输入数据；h_t 和 C_{t-1} 分别为当前状态下短时信息和长时历史信息，一般将 h_t 作为当前的输出；h_{t-1} 和 C_{t-1} 为上一时刻输出的短时信息和长时信息；σ 为 sigmoid 函数，在其中起到门控单元的作用；f_t、i_t、o_t 分别为上一时刻的输出 h_{t-1} 和当前输入 x_t 拼接后通过遗忘门、输入门和输出门后保留的信息，其前向传播的公式如下：

$$f_t = \sigma(W_f[h_{t-1}, x_t] + b_f) \tag{12-16}$$

$$i_t = \sigma(W_i[h_{t-1}, x_t] + b_i) \qquad\qquad (12-17)$$

$$\tilde{C}_t = \sigma(W_i[h_{t-1}, x_t] + b_i) \qquad\qquad (12-18)$$

$$C_t = f_t \odot C_{t-1} + i_t \odot \tilde{C}_t \qquad\qquad (12-19)$$

$$o_t = \sigma(W_o[h_{t-1}, x_t] + b_o) \qquad\qquad (12-20)$$

$$h_t = o_t \odot \tanh(C_t) \qquad\qquad (12-21)$$

式中，$\odot$ 表示矩阵的点对点相乘；$[\cdot, \cdot]$ 表示两矩阵的拼接。

在使用深度学习平台如 Pytorch 构建长短时记忆网络模块时，需要对长短时记忆网络的参数进行指定，其中输入特征维度、隐层状态的维数（Hidden size）和层数是必要的参数。输入特征维度由数据样本决定，Pytorch 中要求其为三维特征，在 batch_ first = True 的设置下，依次为每批样本数、序列长度和每次输入长短时记忆网络的数据量。

由于深度神经网络、卷积神经网络、长短时记忆网络等模型在语音识别或者增强等任务中都表现出了各自的优势，因此当前深度学习领域的研究趋势是将上述模型作为基础模块，构建更深、更复杂的网络模型来达到更好的语音增强性能，并兼顾性能与效率。

12.3 深度学习用于语音识别

深度学习（DL）的概念起源于人工神经网络的研究。它的实质是利用大量的训练数据，通过具有多隐藏层的神经网络结构来学习数据更为本质的特征，提高模型分类或者预测的准确性。传统的浅层学习结构不适合模型层数的加深，辛顿提出的深度学习算法为多隐藏层的深度神经网络（DNN）的训练提供了可能性。深度学习除了模型结构比传统的浅层学习结构更深外，还强调学习的必要性，即样本特征通过逐层特征变换形成更加抽象的高层特征，以发现更加适合分类或者预测的分布式特征表示。目前，在语音信号处理领域的许多问题上，如说话人识别、语音增强、语音合成等，深度学习已经取得了很多成功的应用。2006年，辛顿发明了深度信念网络技术，并通过深度信念网络与隐马尔可夫模型相结合的方案成功地应用于语音识别。邓力和他的同事扩展了相关的工作，实现了深度神经网络与隐马尔可夫模型（HMM）相结合的方法。语音识别进入了深度神经网络时代，准确度得到了显著提高。2011年，微软研究人员证明，深度神经网络与具有上下文相关状态的隐马尔可夫模型相结合，定义了神经网络输出层，可以大大减少语音搜索等大词汇语音识别任务中的错误。2011年，谷歌推出深度神经网络自动语音识别（ASR）产品。从2012年开始，深度学习技术开始得到广泛研究。辛顿和其他合作者概述了使用深度神经网络进行声学建模的进展和成功，并给出了自动语音识别的主导范式，即语音识别中声学建模的深度神经网络。2014年，百度使用基于神经网络的时序类分类方法（Connectionist Temporal Classification，CTC）训练的循环神经网络（RNN）打破了 Switchboard Hub5'00 语音识别基准，并没有使用传统的语音处理方法。2015年，通过 CTC 训练的长短时记忆网络，谷歌的语音识别能力提高了49%。

在语音识别方面，深度神经网络—隐马尔可夫模型已经成为识别系统的主要模型。不同于传统的高斯混合模型（GMM）—隐马尔可夫模型使用高斯混合模型进行声学建模，深度神经网络—隐马尔克夫模型用深度神经网络来预测决策树聚类的三音素状态，取得了十分显著的性能提升。由于语音识别本身是一个序列分类问题，语音的时序性对于语音的正确识别有着重要作用,因此出现了不同的深度神经网络结构来改善语音识别系统的性能。亚历克斯·格拉夫将深层网络中有效的多层表示与增强递归神经网络的远程上下文的灵活使用相结合,经过端到端的训练和适当的规则化,在 TIMIT 数据集上,音素识别测试集误差为 17.7%。由于循环神经网络学习算法的序贯性质,循环神经网络的训练时间要比深度神经网络长。为了减少模型训练时间,佩金蒂(Peddinti)提出一种时延神经网络(Time Delay Neural Network,TDNN),通过次采样来减少计算量,在保证较短训练时间的前提下,可以对长期的时间依赖关系建模。卷积神经网络是一种可以减少信号谱变化和模型谱相关性的神经网络。由于语音信号具有这两种特性,卷积神经网络不失为是一种更有效的语音模型。另外,针对循环神经网络中最常用的长短时记忆神经网络设计结构复杂,有可能影响它的有效实现,有研究人员删除了长短时记忆神经网络的重置门,设计了门控循环单元(Gated Recurrent Unit,GRU),从而产生更高效的单门结构。由于语音和噪声的高度时变性,递归层成为语音分析的有力工具。

神经网络用于语音识别已有二十多年的历史。随着深度学习技术的出现,神经网络为语音识别带来了一些新的技术改进,如网络层变得越来越深,从最初的 1 层到 6 层和 7 层,有更多的隐藏层。此外,网络变得更宽,隐藏节点更多,输出节点更多,从 100 个节点到 5 个节点或 1 万个节点。网络模型容量越大,需要的训练数据越多。例如,基于深度神经网络的语音识别需要 10 万 ~20 万 h 的小模型容量训练数据,而需要 30 万 ~10 万 h 的大模型容量训练数据。2010 年,微软研究院的俞栋和邓力将深度神经网络技术应用于大词汇量的连续语音识别任务(即 LVCSR 任务),大大降低了语音识别错误率。大词汇量的深度神经网络模型有 800 个输入特征、5 层网络、每层 1 000 个神经元、8 000 个输出标签和 1 200 万个权重。训练数据包括 1 000 h 的带有记录的语音,需要在 GPU 上进行一周的训练。与 CD - GMM - HMM 相比,新的识别系统 CD - DNN - HMM 在最小音素错误(Minimum Phone Error,MPE)和最大似然(Maximum - Likelihood,ML)准则下,准确率分别提高了 5.8% 和 9.2%。

2013 年,谷歌的深度神经网络语音生成系统的神经网络输入使用 26 帧 40 维滤波器组,共有 8 个隐藏层、2 560 个隐藏单元;激活函数使用蔡勒(Zeiler)于 2013 年提出的 ReLU,有 14 000 个输出。这个深度模型有 8 500 万个参数,这些参数是根据 2 000 h 的语音数据进行训练的,并使用 8 位整数权重进行量化。在安卓手机上,它可以运行较小的参数数据量(2.7M)。

2012 年,卷积神经网络被用于语音识别构建卷积神经网络—隐马尔可夫模型,其中卷积神经网络模型用输入卷积滤波器,权重共享可以保存参数并使频率偏移保持不变。将整个语音信号的语谱图被视为网络模型的输入图像,这样就可以将图像识别中广泛使用的卷积神经网络的思想应用到语音识别的声学建模中,卷积不变性可以用来克服语音信号本身的多样性。卷积神经网络有 3 个关键属性:局部定位(locality)、权重共享(weight sharing)和池化(pooling)。卷积层局部感受野允许对非白噪声具有更强的鲁棒性,语音中某些频带比其他频带更干净。权重共享还可以提高模型的鲁棒性,并减少过拟合,因为每个权重都是从输入的多个频带而不是从单个位置学习的。在池化中,在不同位置计算的相同要素值被合并在一起,并由一个值表示。混合卷积神经网络—隐马尔可夫模型框架(图 12 - 9)使用卷积神经网络顶部的 softmax 输出层来计算所有隐马尔可夫模型状态的后验概率。这些后验概率用于估计每帧所有隐马尔可夫模型状态的可能性。最后，将所有隐马尔可夫模型状态的可能性发送到维特比解码器，以识别连续的语音单元流。

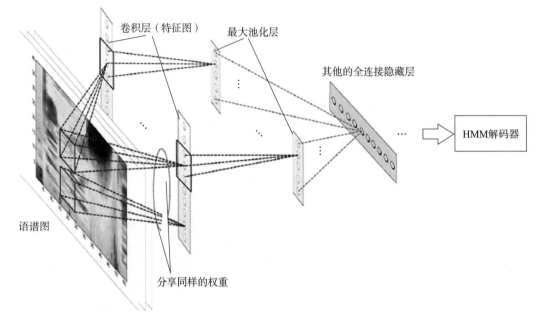

图 12 – 9　混合卷积神经网络—隐马尔可夫模型框架

语音识别中使用的神经网络有许多变体。2015 年，研究人员提出了一个 CLDNN（CNN + LSTM + DNN）框架来学习原始波形的语音前端。该深度神经网络的建模能力体现在：深度神经网络（DNN）适合将特征映射到独立的空间，长短时记忆网络（LSTM）具有长期和短期记忆能力，卷积神经网络（CNN）擅长减少语音信号的多样性。通常一个好的语音识别系统是这些基本网络模型的组合。

由于带有隐马尔可夫模型的建模方法需要训练集和目标长度相同，并且需要训练集和目标一一对应。那么对于不定长的音频，每一次都要做对齐操作。对齐结果的准确性会影响到模型的识别效果，而且操作步骤也比较烦琐。端到端技术就非常完美地解决了这个问题，它主要分成两类：一类是连接时间分类（Connectionist Temporal Classification，CTC）；另一类是序列到序列方法（Sequence – to – Sequence）。端到端技术的出现立刻成了研究人员关注的重点，大家期待的一体化系统技术从此逐步开始实现。连接时间分类建模相比隐马尔可夫模型建模更简单一些，不需要输入序列的对齐信息。在声学模型训练的步骤上，可以很大地减少工作量和建模复杂程度。但连接时间分类建模的模型收敛会比较困难，这是由于训练数据不会提供每一帧的对齐结果，模型训练比较发散。2017 年，谷歌将这一技术应用到语音识别中，并取得了非常好的效果。其主体机构有 3 部分：①编码器（Encoder），类似深度神经网络—隐马尔克夫模型中的声学模型；②组件（Attention），用来学习输入特征和预测单元的对齐方式，这部分可以省略去掉；③解码器（Decoder）类似语言模型。简要的端到端识别系统结构如图 12 – 10 所示。这种编码器—解码器结构最先在机器翻译领域内使用，利用历史输出和编码器得到的信息取预测输出。但是在翻译较长句子时由于会丢弃问题并不理想，便引入了组件机制来改进模型。组件机制是利用神经网络中的一些简要表达来从编码器的输出中获得一些对预测输出有帮助的变量，两者关系越密切，组件向量值越大。目前最新的研究方法是将两种方法合并，这样既可以省去预先的对齐也可以使用序列到序列的运算，使得建模单元更加简单方便。

图 12 – 10　编码器—解码器结构的端到端识别系统

2015 年，百度提出了 Deep Speech 2 系统。该系统使用英语和普通话的端到端语音识别，在 12 000 h 的会话、阅读、混合语音训练中表现出良好的性能，并使用了带有连接时间分类的 9 层循环神经网络。端到端是指直接输入原始数据，让模型自己学习特征，最后输出结果。系统中不再有独立的声学模型、发音词典、语言模型和其他模块。相反，循环神经网络直接从输入端（语音波形或特征序列）连接到输出端（单词或字符序列），使循环神经网络承担所有原始模块的功能。端到端深度学习的挑战之一是：它需要大量数据才能使系统运行良好。

这里总结一下语音识别中的深度学习。大多数具有较深模型的识别系统仍然结合隐马尔可夫模型技术或利用其思想。我们可以通过深度神经网络直接建模上下文相关性（绑定三音素状态）。训练准则包括交叉熵损失（cross – entropy loss）以及序列级最大互信息（Maximum Mutual Information）损失等。深度模型中使用的特征包括梅尔频率倒谱系数（MFCC）以及滤波器组（Fbank，Filter Banks）等。此外，还有一些训练和正则化技术，如批量规范化（batch normalization）、分布式随机梯度下降（Stochastic Gradient Descent，SGD）和随机失活，以提高模型训练的效率和泛化能力。声学建模可以使用不同类型的网络结构，如 CNN、CTC 和 CLDNN。语言建模通常使用循环神经网络进行重新编码。当在语音识别中使用深度学习技术时，模型训练需要更多的数据，并且更加多样化（如噪声、口音等）。此外，大量数据下的网络训练需要更多的 GPU 来提高计算效率。如今，深度学习语音识别还有很多工作要做，尤其在真实环境下的应用。

12.4　深度学习用于语音增强

对于语音增强，即从含噪语音中分离纯净语音这一问题，汪德亮等在 2012—2013 年开始将深度学习引入语音增强中，使用全连接型深度神经网络估计纯净语音的理想二值掩蔽（Ideal Binary Mask，IBM）实现降噪。2013 年，卢（Lu）等也提出一种深度自编码器结构（Deep Auto Encoder，DAE）用于语音的噪声抑制；同年，夏（Xia）等提出了一个多阶段语音增强方法，先使用加权的降噪自编码器（Weighted Denoising Auto – encoder，WDA）预测纯净语音的幅度谱，然后用最小值追踪递归平均法（Minima Controlled Recursive Averaging，MCRA）估计噪声，得到含噪语音的先验信噪比，最后通过维纳滤波法进行降噪，该方法将WDA 与传统方法相结合，更有利于当时的算法落地。

2014 年，徐勇等提出了使用受限玻尔兹曼机（Restricted Boltzmann Machine，RBM）预训练的多层感知机（Multi Layer Perceptron，MLP）结构来预测从含噪语音对数功率谱

（Logarithm Power Spectrum，LPS）到纯净语音功率谱之间的非线性映射，使用一百余种噪声生成训练数据集，并引入全局方差均衡算法，很大程度上提高了模型的噪声抑制和泛化的性能；同年，汪德亮等基于前期研究进一步分析了一系列时频掩蔽特征对深度神经网络降噪性能的影响，如IBM、理想比值掩蔽（Ideal Ratio Mask，IRM）、伽玛通频域功率谱（Gammatone Frequency Power Spectrum，GFPOW）、频域幅值掩蔽（Spectral Magnitude Mask，SMM）、短时傅里叶变换幅度谱（Short Time Fourier Transform – Spectral Magnitude，STFT – SM）等，试验结果表现频域幅值掩蔽可以获得最好的平均语音感知质量（Mean Opinion Score，MOS）和语音短时客观可懂度（Short – Time Objective Intelligibility，S – TOI）。

另外，陈（Chen）等对低信噪比条件下不同输入特征对深度神经网络模型降噪能力的影响进行了研究，并提出一种新的特征来实现更好的性能。由于大多数深度神经网络语音增强模型都着重考虑对纯净语音短时傅里叶变换（STFT）幅度谱的预测，而忽略了相位对结果的影响，埃尔多安（Erdogan）等于2015年提出一种对相位敏感的掩蔽（Phase Sensitive Mask，PSM），来对增强信号的相位进行校正。2016年，威廉姆森（Williamson）等又提出了复数理想比例掩蔽（Complex Ideal Ratio Mask，CIRM），将语音频谱的实部和虚部均作为预测输出，从而间接考虑了相位的恢复，提升了增强语音可懂度。

除了上述基于全连接感知机的方法，更多的网络模型也被应用于语音增强中，惠（Hui）等使用卷积神经网络（CNN）和maxout激活单元得到了比MLP模型的增强效果。帕克（Park）使用了一种全卷积网络进行语音增强，预测含噪语音到纯净语音语谱图的映射。傅（Fu）等提出了一种端到端全卷积网络模型，网络可以在时域上学习含噪语音到纯净语音的映射关系，这样可以直接对信号时域波形进行预测，从而回避了相位失真的难题。由于全连接或卷积神经网络进行语音增强都是对输入的二维时—频特征图进行处理，并没有考虑到语音帧与帧之间的联系，这对于具有时序特性的语音信号来说，帧与帧之间的相关性就被忽略了。因此循环神经网络（RNN）被应用于语音处理的任务中。循环神经网络在预测当前时刻的信息时，同时考虑到了其在之前各个时刻所输出的信息，并通过时序反向传播算法（BPTT）来计算误差函数。长短时记忆网络（LSTM）是一种广泛应用的循环神经网络，可以有效解决循环神经网络普遍存在的梯度消失或梯度爆炸的问题。长短时记忆网络的细胞模块可以充分利用长期和短期的时序信息，从而更好地计算带噪语音和纯净语音的时序相关信息，提升语音增强的性能。孙磊等在2017年的研究中，提出了使用长短时记忆网络进行语音增强的方法。他们使用含噪语音的对数功率谱（LPS）作为输入特征，并分别使用长短时记忆网络模型预测了纯净语音的对数功率谱和理想比值掩蔽（IRM），结果表明相比深度神经网络、长短时记忆网络可以更加有效地提升语音增强的语音质量和可懂度。

传统的语音增强算法在设计时往往需要对信号作出很多假设，因此在实际应用中，由于噪声性质的不确定性，降噪效果经常不如预期。而有监督的机器学习算法使用大量数据进行模型训练来得到从带噪语音到纯净语音之间复杂的非线性映射关系，且不需要对信号做任何假设，所以更符合真实的应用场景，但对设备计算能力和数据量要求较高。近年来，随着设备计算能力的提升和国内外深度学习技术的发展，基于深度学习的有监督语音增强算法已经成为研究和应用的主流方法。

如图12 – 11所示，基于深度学习的语音增强算法一般由4个阶段构成：特征提取、模型训练、模型预测和波形合成。

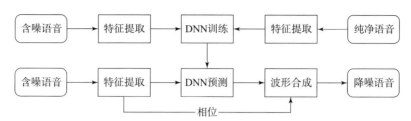

图 12 – 11　基于深度学习的语音增强算法流程

特征提取阶段需要首先对带噪语音信号提取出网络需要的语音特征作为网络输入（Input Feature），对纯净语音提取出训练的目标特征作为有监督学习的标签（Training Label）。因此，输入特征和训练标签成为神经网络的学习对象和学习目标。

模型训练阶段的目的就是学习输入特征到标签之间的映射关系（Mapping）来实现对未知测试语料的预测。模型训练阶段需要设置所需的模型结构，并设置迭代所需的误差函数（Loss Function）以及优化器（Optimizer）。模型以指定的学习率（Learning Rate）进行迭代训练，从而逐渐降低误差函数，实现误差的收敛。模型误差是否收敛是判断模型训练是否成功的重要标志。

在模型预测阶段，需要对待降噪的测试数据进行特征提取，输入已经完成训练的网络模型中，预测增强后的输出特征。

在波形合成阶段，需要根据网络预测输出的增强语料特征计算出增强信号的幅度谱，并结合相位信息，由快速傅里叶变换（IFFT）和基音同步叠接相加算法恢复出增强语音的时域信号。模型预测阶段是测试模型语音增强性能的关键阶段。

对于有监督的语音增强，输入特征的作用是提供语音特征作为网络输入，当输入特征对训练目标具备足够的分辨能力时，网络才能够从中提取出有用的信息训练网络参数，从而预测出训练目标。另一方面，当深度学习模型本身具有足够的学习能力时，其对于输入特征的要求会降低，甚至可以直接将原始信号（例如语音时域波形）作为网络参数输入，由网络自行进行特征提取，但这样会极大地增加网络参数量以及网络深度，增加模型训练和预测阶段的计算量。因此，设计网络模型和输入特征时需要对网络复杂度和特征的表达能力进行权衡。深度学习训练中常用的语音输入特征有相对频谱变换—感知线性预测特征（Relative Spectral Transform – Perceptual Linear Prediction，RST – PLP）、梅尔频率倒谱系数（Mel Frequency Cepstral Coefficients，MFCC）、频率倒谱系数（Gammatone Frequency Cepstral Coefficient，GFCC）、对数功率谱特征（Log Power Spectra，LPS）、幅度谱特征（Amplitude）等。

对于有监督的语音增强任务，训练目标即网络模型在训练过程和预测过程中的输出特征，且输出特征的选取标准是可以用来直接或间接地恢复出增强后的估计信号，因此，对于语音增强训练，可以将训练目标分为频谱特征和时频掩蔽特征。频谱特征可以直接用来恢复增强语音，如对数功率谱特征和幅度谱特征；时频掩蔽特征描述的是带噪语音特征和纯净语音特征之间的关系，由于一般使用比值的方式描述，因而被称为掩蔽或掩模（Mask）。下面介绍几种语音增强中常用的训练目标。

1. 理想二值掩模

理想二值掩模（IBM）是最早被应用于语音分离的掩蔽模型，是受到听觉掩效应的启发

而提出的，其定义为

$$IBM = \begin{cases} 1, & SNR(t,f) > LC \\ 0, & else \end{cases} \qquad (12-22)$$

式中 t, f 为时间和频率；SNR 为信噪比；LC 为对信噪比设置的局部判别阈值（Local Criterion）。由定义可知，IBM 的值只有 1 或 0，在恢复信号时，与带噪语音的频谱进行点对点相乘，从而保留信噪比大于 LC 的频点，其他频点置零，达到消除低信噪比频点的作用。

2. 理想比例掩模

由于理想二值掩模对频点只有保留或置零的操作，虽然对噪声起到抑制作用，但音质和可懂度的损伤也比较大，因此进一步提出了理想比值掩模（IRM），其定义为

$$IRM = \left(\frac{S(t,f)^2}{S(t,f)^2 + N(t,f)^2} \right)^{\beta} \qquad (12-23)$$

式中，$S(t,f)^2$ 和 $N(t,f)^2$ 分别为纯净语音信号和噪声信号在时频表示下的功率谱；β 为可调节参数，可以调节掩蔽程度，一般设置为 0.5。由定义可知理想比例掩模是由功率谱之比表征的掩蔽形式，其时频点均为连续值且值为 0～1，因此与带噪语音频谱相乘后可以得到更为连续的增强语音语谱，从而增强语音听感。

3. 频谱幅值掩模

频谱幅值掩模（SMM）是直接使用纯净语音和含噪语音在短时傅里叶变换（STFT）之后的幅度谱之比值作为掩模，其定义为

$$SMM = \frac{|S(t,f)|}{|Y(t,f)|} \qquad (12-24)$$

式中，$|S(t,f)|$ 和 $|Y(t,f)|$ 分别为纯净语音和含噪语音的幅度谱。频谱幅掩模不同于理想比例掩模、频域幅值掩模的值，没有最高上限，在实际应用时，一般设置一个极大阈值，并对 $|Y(t,f)| = 0$ 的频点加一个较小的因子 α 以防止结果溢出。由定义可知，理想情况下，频域幅值掩模可以完全将语音频谱的所有频点恢复出来。

4. 频谱特征

频谱特征与掩蔽模型的区别是可以直接用来恢复出增强语音的幅度谱，最常用的频谱特征就是输入特征中所述含噪语音对数功率谱（LPS）特征和幅度谱特征，二者结合带噪语音相位，再进行逆短时傅里叶变换（ISTFT）操作，即可合成增强后的语音波形。

近年来，学术界和工业界都在对基于深度神经网络的语音增强算法进行理论研究和工程落地，而单通道语音增强由于其普适性也具有最为广泛的科研和应用前景。深度学习算法的特点是需要从大量数据中学习有用的特征，因此生成大规模数据变得尤为重要；而单通道语音增强算法的输入和输出均为单通道带噪语音和纯净语音信号的特征，因此数据的生成较为方便。另一方面，由于单通道语音增强算法没有多通道麦克风处理中不同的麦克风位置的空间约束关系，因此也是最容易被实际应用的语音增强方法。对于一些设备带有双通道麦克风或者多通道麦克风时，双通道或多通道语音增强算法也会将语音频谱和空间特征相结合作为神经网络输入特征进行训练，比使用单一特征有显著的增强或分离效果的提升。针对单通道语音增强或分离技术研究，由于模型学习能力的提升，网络的输入特征和训练目标由早期的人耳听觉特征和掩蔽模型逐渐过渡到完整的频域特征，或者完全实现时域波形端到端。

基于深度神经网络的单通道语音增强算法流程如图 12 – 12 所示。总体来看，该系统可以分为 3 个阶段：数据预处理阶段、模型训练阶段和模型测试阶段。

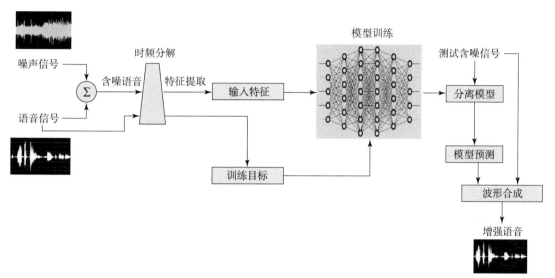

图 12 – 12　基于深度神经网络的单通道语音增强算法流程

在数据预处理阶段，首先需要将语音信号和噪声信号在不同的信噪比下进行混合，生成带噪语音数据库，然后进行时频分解得到短时傅里叶变换频谱，用来提取模型的输入特征；纯净语音则用来计算训练目标特征。

在模型训练阶段，将输入特征输入深度神经网络，并将网络输出与相匹配的训练目标计算前向误差，并通过反向传递更新网络参数权值。

在模型预测阶段，使用训练好的网络对带噪测试语料进行预测，并使用网络输出的预测特征结合含噪语音的相位，并通过逆短时傅里叶变换（ISTFT）和重叠相加操作得到增强语音的时域信号。

卷积循环网络由编码层、中间层、解码层 3 部分构成，且对应卷积层之间存在跳跃连接（Skip connection）来进行特征传递。由于卷积循环网络在图像分割任务中性能优异，因而也开始为语音信号处理领域所重视。谭（Tan）等于 2018 年提出将卷积循环网络用于语音增强，并将长短时记忆网络（LSTM）作为中间层，来实现对语音信号时序相关信息的计算。该模型直接使用带噪和纯净语音的短时傅里叶变换（STFT）幅度谱作为特征和标签，相比于多层长短时记忆网络，在减少了训练参数的同时提高了增强语音的质量和可懂度。2019年，卷积循环网络结构被进一步推广至双通道信号和时域信号的语音增强中，表现出很大的潜力。但卷积循环网络并不能很好地考虑语音谐波的全局相关性，这在一定程度上会导致增强后的语音失真和语音可懂度的降低。注意力机制（Attention Mechanism，AM）由于可以使卷积层对特征的不同区域训练形成不同的注意力权重，实现类似人眼视觉的效果，从而近年来引起了广泛关注，郝（Hao）等于 2019 年提出一种基于注意力机制的语音增强模型。2021 年，尹（Yin）等提出了一种同时预测语音幅度谱和相位谱的双流网络，其中对应幅度谱的网络分支使用了时频注意力机制（Time – Frequency Attention Mechanism，T – FAM）模块来提取特征的时间—频率相关性。相比多层卷积网络，时频注意力机制的引入可以使网络更好地提取谐波在频率维度的相关特性，从而在语音增强时有利于重构出被噪声淹没的高次谐波，使恢复出的语音频谱更加完整，有利于整体音质的改善以及可懂度的提升。基于时频注意力机制的对语音增强具有上述优点，我们将其引入了卷积神经网络中，使其参与网络编码层的特征提取工作。另外，由于时频注意力模块只包含两个卷积层以及必要的维度变换、跳跃连接操作，对网络整体计算量和参数量的影响并不大，而且输入、输出特征图张量的维度保持一致，因此也可以很好地进行在其他网络中的扩展工作。

参 考 文 献

[1] 杨行峻，迟惠生．语音信号数字处理［M］．北京：电子工业出版社，1995．

[2] 易克初，田斌，付强．语音信号处理［M］．北京：国防工业出版社，2000．

[3] 蔡莲红，黄德智，蔡锐．现代语音技术基础与应用［M］．北京：清华大学出版社，2003．

[4] 张雄伟．现代语音处理技术及应用［M］．北京：机械工业出版社，2003．

[5] Thomas F. Quatieri. 离散时间语音信号处理——原理与应用［M］．赵胜辉，等，译．北京：电子工业出版社，2004．

[6] 拉宾纳，谢弗．语音信号数字处理［M］．朱雪龙，等，译．北京：科学出版社，2009．

[7] 拉宾纳，谢弗．数字语音处理理论与应用［M］．刘加，张卫强，何亮，等，译．北京：电子工业出版社，2016．

[8] 吴进．语音信号处理实用教程［M］．北京：人民邮电出版社，2015．

[9] 赵力．语音信号处理（第三版）［M］．北京：机械工业出版社，2016．

[10] 梁瑞宇，赵力，王青云．语音信号处理（C＋＋版）［M］．北京：机械工业出版社，2018．

[11] 波尔曼．数字音频原理与应用［M］．苏菲，译．4 版．北京：电子工业出版社，2002．

[12] 宋知用．MATLAB 在语音信号分析与合成中的应用［M］．北京：北京航空航天大学出版社，2013．

[13] 张雪英，李凤莲，贾海蓉，等．数字语音处理及 MATLAB 仿真［M］．2 版．北京：电子工业出版社，2016．

[14] 韩纪庆，张磊，郑铁然．语音信号处理［M］．3 版．北京：清华大学出版社，2019．

[15] 党建武．听觉信息处理研究前沿［M］．上海：上海交通大学出版社，2019．

[16] 王士元，彭刚．语言、语音与技术［M］．上海：上海教育出版社，2006．

[17] 王晶，谢湘，李婧欣，等．音频质量评价标准研究［J］．信息技术与标准化，2014，（3）：39－42，46．

[18] SJ/T 11689－2017．音频编码质量主观测试规范［S］．中华人民共和国工业和信息化部．发布日期：2017－11－07，实施日期：2018－01－01．

[19] ITU－T Rec. P. 800—1996. Methods for subjective determination of transmission quality［S］. Geneva，Switzerland：International Telecommunication Union，1996.

［20］ ITU – T Rec P 810—1996. Modulated Noise Reference Unit ［S］. Geneva, Switzerland: International Telecommunication Union, 1996.

［21］ ITU – T Rec P 830—1996. Subjective performance assessment of telephone – band and wideband digital codecs ［S］. Geneva, Switzerland: International Telecommunication Union, 1996.

［22］ ITU – T Rec P 805—2007. Subjective evaluation of conversational quality ［S］. Geneva, Switzerland: International Telecommunication Union, 2007.

［23］ ITU – R Rec BS 1116—1994. Methods for the subjective assessment of small impairments in audio systems including multichannel sound systems ［S］. Geneva, Switzerland: International Telecommunication Union, 1994.

［24］ ITU – R Rec BS 1116 – 1—1997. Methods for the subjective assessment of small impairments in audio systems including multichannel sound systems ［S］. Geneva, Switzerland: International Telecommunication Union, 1997.

［25］ ITU – R Rec BS 1116 – 3—2015. Methods for the subjective assessment of small impairments in audio systems including multichannel sound systems ［S］. Geneva, Switzerland: International Telecommunication Union, 2015.

［26］ ITU – R Rec BS 1285—1997. Pre – selection methods for the subjective assessment of small impairments in audio systems ［S］. Geneva, Switzerland: International Telecommunication Union, 1997.

［27］ ITU – R Rec BS 1534—2001. Method for the subjective assessment of intermediate quality level of coding systems ［S］. Geneva, Switzerland: International Telecommunication Union, 2001.

［28］ ITU – R Rec BS 1534 – 1—2003. Method for the subjective assessment of intermediate quality level of coding systems ［S］. Geneva, Switzerland: International Telecommunication Union, 2003.

［29］ ITU – T Rec P 861—1998. Objective quality measurement of telephone – band （300 – 3400 Hz） speech codecs ［S］. Geneva, Switzerland: International Telecommunication Union, 1998.

［30］ ITU – T Rec P 862—2001. Perceptual evaluation of speech quality （PESQ）, an objective method for end – to – end speech quality assessment of narrowband telephone networks and speech codecs ［S］. Geneva, Switzerland: International Telecommunication Union, 2001.

［31］ ITU – T Rec P 862 – 1—2003. Mapping function for transforming P. 862 raw result scores to MOS – LQO ［S］. Geneva, Switzerland: International Telecommunication Union, 2003.

［32］ ITU – T Rec P 862 – 2—2007. Wideband extension to Recommendation P. 862 for the assessment of wideband telephone networks and speech codecs ［S］. Geneva, Switzerland: International Telecommunication Union, 2007.

［33］ ITU – T Rec P 563—2004. Single – ended method for objective speech quality assessment in narrow – band telephony applications ［S］. Geneva, Switzerland: International Telecommunication Union, 2004.

［34］ ITU－T Rec G 107—2005. The E－model，a computational model for use in transmission planning ［S］. Geneva，Switzerland：International Telecommunication Union，2005.

［35］ ITU－T Rec P 863—2011. Perceptual Objective Listening Quality Assessment （POLQA） ［S］. Geneva，Switzerland：International Telecommunication Union，2011.

［36］ ITU－R Rec BS 1387—1998. Method for objective measurements of perceived audio quality ［S］. Geneva，Switzerland：International Telecommunication Union，1998.

［37］ ITU－R Rec BS 1387－1—2001. Method for objective measurements of perceived audio quality ［S］. Geneva，Switzerland：International Telecommunication Union，2001.

［38］ 罗娟. 基于输出的语音质量客观评价算法研究 ［D］. 北京：北京理工大学，2008.

［39］ 张莹. 一种基于输出的语音质量客观评价方法 ［D］. 北京：北京理工大学，2009.

［40］ 齐娜，孟子厚. 音响师声学基础 ［M］. 北京：国防工业出版社，2006.

［41］ 王泽祥，李佩林，蔡燕青. 听音评价师手册 ［M］. 北京：电子工业出版社，2017.

［42］ 马卡尔，格雷. 语音信号线性预测 ［M］. 娄乃英，等，译. 北京：中国铁道出版社，1987.

［43］ 胡征，杨有为. 矢量量化原理与应用 ［M］. 西安：西安电子科技大学出版社，1988.

［44］ 鲍长春. 低比特率数字语音编码基础 ［M］. 北京：北京工业大学出版社，2001.

［45］ 王炳锡. 语音编码 ［M］. 西安：西安电子科技大学出版社，2002.

［46］ 王炳锡，王洪. 变速率语音编码 ［M］. 西安：西安电子科技大学出版社，2004.

［47］ 李昌立，吴善培. 数字语音—语音编码实用教程 ［M］. 北京：人民邮电出版社，2004.

［48］ 鲍长春. 数字语言编码原理 ［M］. 西安：西安电子科技大学出版社，2007.

［49］ 张雪英，贾海蓉. 语音与音频编码 ［M］. 西安：西安电子科技大学出版社，2011.

［50］ 姚天任. 数字语音编码 ［M］. 北京：电子工业出版社，2011.

［51］ 李晔，崔慧娟，唐昆，等. 数字语音编码技术 ［M］. 北京：电子工业出版社，2013.

［52］ Kleijn W，Kuldip K Paliwal. Speech Coding and Synthesis ［M］. Amsterdam，the Netherlands：Elsevier，1995.

［53］ 张晴晴，潘接林，颜永红. 基于发音特征的汉语普通话语音声学建模 ［J］. 声学学报，2010，35 （2）：254－260.

［54］ Hinton G，Deng L，Yu D，et al. Deep neural networks for acoustic modeling in speech recognition ［J］. IEEE Signal processing magazine，2012，29：82－97.

［55］ Yuxuan Wang，DeLiang Wang. Cocktail Party Processing via Structured Prediction ［A］. NIPS'12：Proceedings of the 25th International Conference on Neural Information Processing Systems－Volume 1 ［C］//USA：Lake Tahoe CA，2012：224－232.

［56］ 刘明. 基于深度学习的鲁棒性语音识别研究 ［D］. 北京：北京理工大学，2020.

［57］ 胡升华. 端到端的语音关键词检测算法研究 ［D］. 北京：北京理工大学，2022.

［58］ 王炳锡. 实用语音识别基础 ［M］. 北京：国防工业出版社，2005.

［59］ 张毅，刘想德，罗元. 语音处理及人机交互技术 ［M］. 北京：科学出版社，2016.

［60］ 洪青阳，李琳. 语音识别 ［M］. 北京：电子工业出版社，2020.

［61］ 汤志远，李蓝天，王东，等. 语音识别基本法：Kaldi 实践与探索 ［M］. 北京：电子

工业出版社，2021.

[62] 鲍长春，项扬．基于深度神经网络的单通道语音增强方法回顾［J］．信号处理，2019，35（12）：1931－1941.

[63] Deliang W，Jitong C. Supervised Speech Separation Based on Deep Learning：An Overview［J］. IEEE/ACM Transactions on Audio，Speech，and Language Processing，2018：1－1.

[64] 罗艾洲．语音增强：理论与实践［M］．高毅，等，译．成都：电子科技大学出版社，2012.

[65] 徐岩，王春丽．语音信号增强技术及其应用［M］．北京：科学出版社，2014.

[66] 尹栋．语音增强降噪技术研究与算法开发［D］．北京：北京理工大学，2015.

[67] 闫昭宇．基于深度卷积循环网络的手机语音增强算法研究［D］．北京：北京理工大学，2020.

[68] Jacob，Benesty，Jindong. 麦克风阵列信号处理［M］．邹霞，周彬，贾冲，等，译．北京：国防工业出版社，2016.

[69] 蒋涉权．基于张量分析的麦克风阵列语音信号降噪方法研究［D］．北京：北京理工大学，2016.

[70] 单亚慧．基于张量分析和深度学习的语音处理技术研究［D］．北京：北京理工大学，2016.

[71] Jan P H van Santen，Richard W Sproat，Joseph P Olive. 语音合成［M］．蔡莲红，杨鸿武，吴志勇，等，译．北京：机械工业出版社，2005.

[72] 西奥多里蒂斯．模式识别［M］．李晶皎，等，译．北京：电子工业出版社，2006.

[73] 阿培丁．机器学习导论［M］．北京：机械工业出版社，2009.

[74] 邓力，俞栋．深度学习：方法及应用［M］．谢磊，译．北京：机械工业出版社，2015.

[75] 李玉鑑，张婷．深度学习导论及案例分析［M］．北京：机械工业出版社，2016.

[76] 俞栋，邓力．解析深度学习：语音识别实践［M］．俞凯，钱彦旻，译．北京：电子工业出版社，2016.

[77] 黄孝平．当代机器深度学习方法与应用研究［M］．成都：电子科技大学出版社，2017.

[78] 特伦斯·谢诺夫斯基．深度学习［M］．姜悦兵，译．北京：中信出版社，2019.

[79] 俞栋．人工智能［M］．北京：电子工业出版社，2019.

[80] 张雄伟．智能语音处理［M］．北京：机械工业出版社，2020.

[81] 肖汉光，王勇．人工智能概论［M］．北京：清华大学出版社，2020.

[82] 张晓雷．复杂环境下语音信号处理的深度学习方法［M］．北京：清华大学出版社，2022.